小浪底水利枢纽建设管理局
计算机网络和办公系统

刘云杰　主编

U0234831

黄河水利出版社

图书在版编目（CIP）数据

小浪底水利枢纽建设管理局计算机网络和办公
系统/刘云杰主编. —郑州：黄河水利出版社，2008.12
ISBN 978-7-80734-548-0

Ⅰ.小… Ⅱ.刘… Ⅲ.黄河–水利枢纽–水利工程–
信息管理 Ⅳ.F426.9

中国版本图书馆 CIP 数据核字（2008）第 192506 号

出 版 社：黄河水利出版社
　　　　地址：河南省郑州市金水路 11 号　　　邮政编码：450003
发行单位：黄河水利出版社
　　　　发行部电话：0371-66026940、66020550、66028024、66022620(传真)
　　　　E-mail：hhslcbs@126.com
承印单位：黄河水利委员会印刷厂
开本：787 mm×1 092 mm　　1/16
印张：13.5
字数：312 千字　　　　　　　　　　印数：1—1 000
版次：2008 年 12 月第 1 版　　　　印次：2008 年 12 月第 1 次印刷

定价：39.00 元

《小浪底水利枢纽建设管理局计算机网络和办公系统》

编委会

主　　　　编：刘云杰

副　主　　编：提文献　马贵安　吴昌春

主要编写人员：刘云杰　吴昌春　庄　宇

　　　　　　　张红建　王鹏程

前　言

在知识经济时代，企业面临更复杂、更加快速多变的开放的经营环境，对企业的应变能力、决策能力、创新能力都提出了更高的要求。而加强企业信息资源的管理，能提高企业经营管理信息的准确性和及时性；能促使企业业务办事程序和管理程序更加合理，有助于增强企业的快速反应能力；能进一步促进企业资源的合理组合及利用，使其在现有资源条件下达到最佳利用效果，从而大大提高企业的生产经营效率和管理效率；企业信息化能给企业提供一个强大、快捷的信息交流平台，有助于紧紧跟踪一些先进经验和成果，从而有助企业的发展，提高员工的创新能力。总而言之，提高、加快信息资源的开发和利用，对于企业的生存与发展具有深远的影响和巨大的作用。

企业是市场经济的主体，也是信息化建设的主体。水利部小浪底水利枢纽建设管理局(以下简称小浪底建管局)长久以来十分重视信息化建设，积极推动信息化建设规划制定，加快信息化建设步伐，加强企业信息安全管理。在工程建设和枢纽运行管理等不同时期，针对具体情况，建立了先进的管理信息系统，从而对工程建设和枢纽安全运行进行了动态管理和有效控制；建立了生产管理、会计电算化管理、财务管理、档案管理、工程造价管理、人力资源管理和日常办公等相关应用系统，从而对企业日常运作进行信息化管理；建立了以数据安全为重点的数据中心安全保障体系，保证了信息安全和可靠性。企业信息化水平逐年提高，在工程的建设和枢纽管理中发挥了越来越重要的作用。

本书通过对小浪底建管局的信息化建设过程、信息系统管理及信息安全管理的总结和深入分析，全面梳理了企业信息化建设的历程和经验。在内容编排上对计算机网络管理与维护、办公系统管理与维护、信息管理相关法律法规、管理制度、信息技术支持系统及其他常用命令和常见故障排除方法等多个方面进行了细致表述。可以说读书既是本单位近几年信息化建设的总结之卷，又是本单位计算机网络和办公系统管理与维护的工具手册。

本书的作者是小浪底建管局信息化建设的参与者和推动者，对信息化建设带给企业的发展有着深刻的体会。作者收集了企业在信息化建设中的第一手资料，总结了在信息化建设中对难题和"拦路虎"的解决经验，希望能为同行业的其他单位提供参考和借鉴。

本书由刘云杰主编，第一章、第五章由刘云杰编写完成，第二章、第六章由张红建编写完成，第三章由吴昌春编写完成，第四章由吴昌春、王鹏程编写完成，第七章由庄宇、编写完成，附录由张红建、王鹏程编写完成。

在本书的编写和出版过程中，局领导高度重视，提出了很多中肯的意见和建议，局属有关单位、部门也给予了大力支持与协助，在此表示诚挚的感谢。

编　者

2008 年 10 月

前　言

目　录

第一章 信息化建设

第一节 概述

小浪底水利枢纽工程为国家重点工程，位于三门峡水利枢纽下游 130 km、河南省洛阳市以北 40 km 的黄河干流上，控制流域面积 69.4 万 km^2，占黄河流域面程的 92.3%，是控制黄河水沙、治理黄河的关键性控制工程。小浪底工程的信息化建设是整个枢纽工程建设的重要组成部分，在工程的建设、管理过程中发挥了非常显著的效益。

小浪底信息化建设起步很早。1993 年，为满足小浪底工程建设管理的实际需求，加强对工程建设的有效控制，并与国标工程建设管理全方位接轨，在主体工程开工前便开始了信息化建设，并建立了小浪底建管局局域网，同时引进了 P3 项目管理系统对工程建设进行辅助管理。此后，小浪底建管局在工程建设和枢纽运行管理等不同时期，都在信息化建设方面进行了大量的投入，建立了有针对性的生产管理和日常办公等相关应用系统，在工程建设和枢纽运行管理时期发挥了重要作用，取得了明显的效果。

小浪底建管局的信息化建设过程大致可分为以下三个阶段：

(1)第一阶段(1993~1999 年)。该阶段信息化建设的主要目标是为工程建设服务，通过建立先进的管理信息系统对工程建设进行动态管理和有效控制。

1993 年信息中心组建后，即着手进行管理信息系统的建设工作，并于 1994 年底在小浪底工地构建了临时局域网，网络操作系统为 Novell Netware3.1，并建立了以 Expedition 文函管理和 P3(Primavera Project Planner)进度控制系统为主的临时管理信息系统。临时系统的建立为工程建设管理的计算机化迈出了可喜的一步，并为正式系统的研究开发打下了基础。

1995 年，在临时系统的基础上，又进行了正式系统的研究开发工作。先后完成了系统硬件设备的招标采购工作，工地办公楼局域网的设计和建设，P3 进度控制系统的二次开发和应用，Expedition 文函管理系统的二次开发和应用，水雨情管理系统的开发和应用，小浪底工程建设多媒体演示系统的开发等。同时，在 1998 年工程建设的高峰期，启动了大坝安全监控系统和电厂自动控制系统的开发工作。至此，小浪底工程建设管理信息系统已基本形成。

该系统的建立为小浪底工程参建各方提供了及时、准确的工程建设信息；辅助工程师对项目实施有效的全过程目标控制，是工程师实施工程监理的重要手段；该系统提高了工程建设管理及监理工作的效率和质量，促进了工程管理及监理工作的科学化、现代化；该系统在合同管理、处理索赔与反索赔等工作中发挥了重要作用。同时，小浪底工程管理信息系统在辅助小浪底工程建设管理的实际应用中，积累了丰富的经验，培养了一批批能运用信息管理手段对工程建设进行有效管理和控制的专业人才。

小浪底工地局域网无论是综合布线，还是所采用的设备，以及选择的网络操作系统，都代表了当时信息技术发展的先进水平。综合布线系统的垂直传输部分，即从机房到各楼层配线间的骨干传输采用室内多模光纤，速率为 100 M。水平传输部分，即从配线间到桌面采用 AMP 五类布线系统，速率为 10 M。布线系统由北京四通公司设计和施工，1995年的硬件采购由河南思远计算机有限公司中标。为保证网络操作系统和 P3 系统的稳定性和安全性，服务器采用了磁盘阵列和双机镜像技术。引进国际上先进的项目管理软件 P3 对大型工程进行管理和控制，在国内尚属首次。

(2)第二阶段(1999～2001 年)。该阶段信息化建设的主要目标是对枢纽运行管理期的系统进行规划，并建立办公自动化和相关应用系统。

1999 年小浪底主体工程大部分已经完成，小浪底电厂自动控制系统的开发工作已经完成，电站即将发电，全局的工作重心也逐步从工程建设管理向枢纽运行管理转移。为此，建管局及时启动对全局信息系统的建设进行统一规划和设计的工作，成立了信息化工作领导小组，制定信息化建设的总体规划方案，并指导全局各项管理工作的信息化建设。在信息化工作领导小组的领导下，先后完成了全局总体数据规划、计算机网络系统的升级、与因特网的互联、小浪底网站的建设、办公自动化系统的开发和应用、会计电算化的实施、图档管理系统的开发与应用、电厂综合生产管理系统的开发和应用等。

信息化建设的总体规划方案称为《小浪底企业集成信息系统总体方案设计》，委托华中理工大学进行设计，加拿大咨询专家潘士弘为设计顾问，于 1999 年 2 月开始，1999 年10 月完成，成果通过了专家鉴定和建管局验收。总体方案设计共包括《调查分析总结》、《企业模型》、《数据处理模型》、《功能模型》、《概念数据模型》、《企业内部网建设规划》、《信息元素分类编码》、《系统实施规划报告》等八部分。运用信息工程和系统工程的方法论提出了小浪底企业集成信息系统开发应遵循的标准(包括数据库平台、网络操作系统、主干网技术选择和统一信息编码标准)，理顺了企业管理系统和项目管理系统的关系，提出了应用系统规划、网络建设规划、计算机配置规划等方案，是当时全局计算机管理信息系统开发和应用的纲领性文件。

网络系统升级(含 Internet 和 Intranet)于 1999 年 11 月完成并投入使用。共完成了办公楼局域网的升级改造，办公楼与四标监理部、水厂、实验室、地面副厂房、坝顶控制楼的连接，以及工地与洛阳的广域互联，通过专线及防火墙技术实现了局域网与 Internet 的安全、稳定互联，并通过电话拨号方式支持移动办公和远程办公。

局第一代办公自动化系统于 2000 年 2 月份投入正式运行。系统由深圳桑达太平洋网络技术有限公司开发，开发的平台为 Lotus Notes5.0，为 C/S 结构。系统主要有公文处理、电子邮件收发、信息发布、网上论坛等功能，但真正发挥作用的只有电子邮件、网上论坛两项，公文处理一直没有得到应用，信息发布应用的也不是很好，上网信息时断时续。

会计电算化系统于 1999 年 8 月投入试运行，2000 年 1 月正式投入运行，同年 8 月手工记账被取代。

电厂综合生产管理系统的开发周期较长，1999 年 7 月开始开发，到 2001 年开始投入运行，2004 年 3 月正式验收。

(3)第三阶段(2001～2005 年)。这一阶段的主要工作是郑州网络管理中心的建立、综合数字办公平台和相关业务应用系统的建设、郑州集中控制系统的建设。

2001 年底，小浪底主体工程全部完工，西霞院工程开始筹备，全局工作重心由小浪底水利枢纽工程建设转向枢纽运行管理、电力生产经营以及西霞院工程建设，经营管理指挥中心也将由工地迁移到郑州，逐步形成以郑州为管理指挥中心、辐射到工地和洛阳的生产建设管理布局。工作重心和管理布局的变化，促使办公自动化工作被重新提上议事日程。

2002 年初，经局领导批准，局办公室开始组织建设第二代办公自动化系统，即小浪底建管局综合数字办公平台。2002 年年底完成系统建设规划，2003 年 7 月开始实施，当年 12 月建成并投入试运行，2004 年 3 月投入正式运行。系统建设总投资近 300 万元，其中郑州管理中心网络系统建设费用 250 万元，综合数字办公平台开发费用 48 万元。通过招标，选定北京环亚时代信息技术有限公司承担计算机网络系统建设工作，选定国家信息中心软件评测研究中心(北京有生博大有限公司)的商品软件作为小浪底综合数字办公平台的基础软件，并由该公司负责二次开发。

这一阶段除完成郑州网络中心和综合数字办公平台外，还分别完成了以下重要业务应用系统：

2003 年完成了发电厂调度管理及竞价上网辅助决策支持系统和电厂工业电视系统的建设，以及小浪底大厦网站和咨询公司对外网站的开发。

2004 年 5 月建立了局电子档案管理子系统，并与局综合数字办公平台成功进行了整合，实现了网上查阅相关档案信息。

2004 年 6 月完成了洛阳基地的计算机网络建设，至此，郑州、小浪底工地与洛阳三地的计算机网络建设已全部完成。

2004 年 8 月建立了局视频点播子系统，实现了影像资料和相关视频资料的电子化存储与在线点播。

2004 年 8 月建立了局电视会议系统，满足了小浪底工地与郑州之间异地同步召开各种会议的需要。

2004 年 10 月建立了西霞院综合管理系统，主要用于西霞院工程建设的计划、合同、设备管理，以及工程建设信息的发布等。

与此同时，还于 2004 年启动了郑州集中控制系统的开发工作。

2005 年 1 月完成了小浪底工地办公楼的网络设备升级，此次升级不仅使小浪底工地与郑州、洛阳网络一起构成了小浪底千兆骨干网，而且解决了小浪底工地作为整个网络关键性节点的传输瓶颈问题。

2005 年 3 月完成了小浪底对外网站的全面改版与升级，新网站大方、美观，内容全面，成为外界了解小浪底的重要窗口。

2005 年 4 月完成了西霞院 P3 管理系统的建设，用于西霞院工程建设的进度控制。

2005 年 7 月建立了工程造价管理系统。

2005 年 8 月建立了局人力资源管理子系统，用于人事、工资、保险等的计算机化管理。

2005 年 10 月完成了小浪底工地办公楼的网络布线升级，到桌面的传输速度由 10 M 提升到了 100 M。

2007 年，先后完成了综合数字办公平台的升级、电厂 MIS 系统的升级、会计电算化系统的升级，并构建了统一的全局电算化管理平台。

第二节　未来信息化建设的主要任务

经过较长一段时间的建设和发展，小浪底建管局的计算机网络系统建设已经完成，综合数字办公平台、电厂综合生产管理、财务电算化等三大重要业务信息系统已经完成了升级，并得到了更深入的应用，人力资源管理、档案管理等其他业务应用系统取得了很好的应用效果。同时，用于电厂生产作业的相关控制系统如电厂计算机自动控制系统、闸门自动控制系统、枢纽安全监测系统等运行稳定，在保障自动化生产和整个枢纽的安全运行和管理中发挥了极其重要的作用。电视会议和枢纽监视等视频系统也得到了很好的应用。全局信息化建设的高峰期已经结束，已进入稳定运行和发挥效益的时期。目前，信息化在全局各项关键性业务的信息采集、传输、存储、处理、分析和服务中已发挥了显著作用，计算机网络得到了较深层次的应用，全局人员的计算机整体应用水平有了明显提高，对信息化管理的意识在逐步增强，对业务工作的计算机化管理有了比较高的要求。

应该看到，全局信息化在建设方面虽然取得了很大成绩，但是离全面实现信息化管理还存在很大差距，主要表现在：信息共享机制不健全；有限的数据资源总体质量不高，使用效率较低；部分业务处理还没实现信息化管理，还采用传统的手工管理模式；相关的技术规范不完善；相关信息系统的运行管理水平还需要进一步提高等。

针对小浪底建管局企业信息化建设过程中存在的主要问题，结合企业管理实际和工作性质，以及当前信息技术的发展，根据《全国水利信息化规划》的总体要求，以"降低管理成本，提高工作效率，提高管理水平，提高决策效能"为指导思想，小浪底建管局今后一定时期信息化建设的总体目标是：建成标准统一、功能完善、安全可靠的综合数字办公平台；完善计算机网络系统和信息安全保障体系；以业务需求为主导，完善已有业务应用系统运行管理，分期继续建设重点业务系统；全面实现局内各部门、各单位互通互联、资源共享和协同办公；基础性信息库建设取得重大进展，信息资源开发利用程度明显提高；建立完善的网络和应用系统建设管理、运行维护机制，保证系统长期发挥效益。

具体表现在要实现以下四个方面的功能：

第一，采用现代计算机技术、网络通讯技术、数据库技术、多媒体技术和中间件技术等，构建小浪底信息资源共享体系，并建立小浪底数据中心，形成数据资源存储管理体系，实现全局信息资源的整合和共享；

第二，以综合数字办公平台为基础，根据各部门的实际业务需要，继续建立和完善相应的业务应用系统，全面实现各项办公业务的信息化管理；

第三，以自动控制为核心，实现枢纽运行管理的自动化监测和控制；

第四，以人工智能为依托，构建宏观决策平台，为科学决策提供有效的支持，提高对各项业务管理的反映能力和决策的科学性，为企业可持续发展服务。

小浪底建管局今后一定时期信息化建设的主要任务包括应用系统、应用服务平台、基础设施和标准体系等部分。具体内容如下：

(1)进一步完善计算机基础网络建设。

由于目前小浪底已建成了分布式、功能齐全、覆盖全局，并能满足信息化管理要求的高性能、高可靠性、高安全性的计算机及通讯网络，短期内不会需要太大的投入。在未来五年内将根据企业发展需要，以郑州为网络管理中心，继续完善和扩展现有计算机及通讯网络系统。

继续加强对网络的安全管理，确保网络系统、各应用系统和数据的安全。

(2)完成小浪底信息化标准体系和安全体系建设。

小浪底信息化建设的标准和规范将根据国家信息化标准体系和国家水利信息化标准体系，结合小浪底实际应用进行建设，并由技术和业务部门共同参与制定。为避免重复和交叉，信息化建设的标准和规范主要从业务、信息、技术等方面进行分类，反映小浪底管理的主要对象和工作流程，体现标准的共性特征。小浪底信息化建设的标准和规范主要由术语、信息分类和编码、信息采集、信息传输与交换、信息存储、信息处理、管理、安全等标准组成。

通过建立和采用完善的标准体系，以保证在信息化建设过程中各应用系统的开放性、通用性和可扩展性。同时，在系统设计开发和运行维护等各个阶段，严格按照有关标准进行，保证系统建设和运行的规范化和标准化。

网络与信息安全建设是信息系统的重要组成部分，今后几年在完成安全标准化体系建设的同时，强化对信息化项目安全体系的监督，保证与信息化项目同步规划、同步实施、同步使用。提高全体职工信息安全意识和保密意识，确保网络与信息的绝对安全，严禁在不具备保密条件的计算机上处理涉密信息。

(3)建设小浪底数据中心。

企业信息化的核心是建设高效的企业数据中心，数据中心是数据与应用的集成综合平台，将来自不同业务系统的数据进行加工处理，形成一个跨部门、跨组织的综合数据中心，进而减少冗余系统、提高效率、降低系统成本。

小浪底数据中心将运用数据仓库技术，建立具有统一模型、适应性强的指标体系和数据仓库模型，将各部门分散数据和异构的数据按照统一的规则进行提取、清洗和转换，最终整合到统一的数据仓库中，根据各部门的需要动态创建和组织数据，为各部门提供面向不同主题的分析应用。同时，结合展现分析工具进行各种分析和挖掘，为企业宏观决策和企业经营管理提供技术支持。

通过建立小浪底数据中心实现下列应用目的：

• 促进各职能部门业务处理的规范化、科学化；实现生产、服务高度自动化，提高管理水平。目前，全局各部门业务系统的建设参差不齐，有的业务还停留在手工整理上，通过建立数据中心，在全局形成业务规则统一、业务流程统一、信息模型统一、管理模式统一的标准。

• 加快各部门业务统计信息的生成和流通速度，提高业务信息的质量。业务数据是通过抽取来自于各业务系统的数据，经过数据归并、清理和集成之后自动产生的，减少了许多中间繁杂的处理环节，然后安全透明地传送到各层次领导决策人员的桌面上。

• 及时提供真实可靠的统计信息，辅助进行科学决策支持。统计信息来源于真实的各职能部门业务系统的数据源，信息产生过程是正确的。产生的统计信息可以按照不同职能角色的需要进行编目管理，通过系统提供的"推"和"拉"两种报表目录服务方式快速准确地完成信息支持功能。

(4)建立小浪底决策支持系统。

决策支持是企业信息化建设服务功能的最高层次应用。它以各业务应用系统为主体，完成对枢纽运行管理和企业管理活动的跟踪、分析、研究、预测、决策、执行和反馈的全过程。通过建立决策会商机制，协调不同应用系统及不同层次的决策，使领导能在较短的时间内，全面了解和掌握枢纽运行状况和企业内部管理和经营的具体情况，为领导制定科学正确的决策提供支持。

(5)加快信息化人才培养和引进。

人才和人才素质将对信息化建设产生重要作用和影响，为了保障信息化建设的有效进行，以及后期的运行与发展，需要具有复合知识、技术过硬的人才队伍，并制定科学可行的人才培养计划。根据工作需要可引进信息化方面专业技术人才。

第二章　信息安全管理

第一节　信息安全管理概述

随着信息化进程的深入和互联网的迅速发展，人们的工作、学习和生活方式正在发生巨大变化，效率大为提高，信息资源得到最大程度的共享。随着企业对信息化管理依赖性的增强，加上信息化系统本身的风险，使得信息安全管理成为企业管理越来越关键的组成部分，网络蠕虫、病毒及垃圾邮件肆意泛滥，木马无孔不入，DDos 攻击越来越常见，黑客攻击行为每时每刻都在发生，如果不能很好地解决网络安全和相关应用系统的安全问题，必将阻碍企业信息化发展的进程。

一、小浪底建管局信息安全管理的主要任务

目前，全局信息安全主要包括计算机网络安全和各种应用系统的安全两个方面。其中，网络安全管理主要是防止内、外部黑客攻击和防止病毒破坏，确保网络正常和稳定运行。应用系统安全管理主要是防止盗用密码账号，确保信息内容的安全保密以及数据的安全备份等，使各应用系统安全、稳定地运行，以及保证各种信息内容安全、完好。全局信息安全管理的主要任务是采用先进的信息安全技术手段和建立完善的信息安全管理制度，在全局范围内构建一个有效的信息安全保障体系，以确保整个信息的安全。

二、信息安全保障体系的建立情况

近年来，根据小浪底建管局信息安全管理的主要任务，加强了基础网络和重要应用系统的安全基础设施建设，积极防范外部入侵；加强了全局信息安全管理制度建设和措施落实；加大了信息内容安全的管理力度，努力防止信息失泄密和有害信息传播；大力开展信息安全宣传，增强信息安全意识。目前，全局信息安全保障体系基本形成，为促进全局信息化健康发展，保障全局信息安全发挥了重要作用。

(一)制定了完善的信息安全管理制度

近年来，局办公室根据国家的有关法律法规，并结合小浪底建管局的具体情况，分别制定了《小浪底建管局计算机信息系统保密工作暂行规定》、《小浪底建管局计算机网络和信息安全管理办法》、《小浪底建管局数字化办公系统运行管理暂行办法》、《小浪底建管局网站管理暂行办法》和《小浪底建管局网络安全应急处理预案》等管理制度，为全局计算机网络和应用系统安全提供了制度上的保证。

(二)建立可靠的信息安全管理技术保障体系

作为信息安全管理保障体系中重要组成部分，采用多种信息安全技术，建立可靠的信息安全管理技术保障体系。

(1)在网络设计上采用防火墙技术，通过设置明确的网络边界和访问控制，将内部网与Internet 进行安全隔离，以防止大部分黑客攻击和部分网络病毒的入侵。

(2)在逻辑上将办公网和家属区生活网分开管理，降低办公网的安全风险，从而提高办公网的安全性。

(3)根据不同的管理区域，将全局网络从逻辑上划分成 20 余个子网，将网络网险进行分散处理，从而提高整个网络的安全性。

(4)对全局网络 IP 地址采用固定管理方式，提高了网络的可管理性和可监视性。

(5)在郑州网络管理中心部署代理服务器，进行应用层面的安全防护，有效地增强了郑州网络中心的安全性。

(6)采用入侵检测技术对网络上的恶意扫描进行检查。

(7)采用了 AAA 认证服务器，确保了通过 VPN 进行移动办公时的安全性。

(8)采取多种防病毒措施，防止计算机病毒的破坏。

(9)采用 VPN 加密隧道进行远程联网，满足了当前信息在公网传输过程中的安全性。

(10)采用网络接入监视器，实现了对整个网络接入因特网的可视化管理。

(11)采用了 NDS 目录服务技术，对数字化办公系统用户权限进行严格管理，进一步增强了系统的安全性。

(12)建立了定期的数据备份机制，对各种数据进行定期备份，确保数据的安全。

(13)部署了反垃圾邮件网关，对垃圾邮件和病毒邮件进行过滤和处理，保证了邮件系统的安全和正常使用。

(14)对全局 15 个计算机信息系统进行了安全等级保护的定级工作，为下一步采取相应的加固技术提供了科学的依据。

通过采取上述技术措施，全局信息安全的技术保障系统已经形成，在全局信息安全管理中发挥着巨大作用。

(三)通过各种宣传途径强化信息安全意识

通过办公网定期发布相关信息安全管理知识；定期组织人员进行信息安全管理培训；定期发布病毒预警公告和杀毒软件升级通知，提高用户对计算机病毒的防范意识。通过上述措施，增强了全局信息安全保障工作的意识，各有关部门对信息安全工作普遍重视，对全局信息安全工作的开展也起到了积极的推动作用。

三、全局信息安全管理面临的形势

尽管我们在信息安全保障方面做了大量工作，但面临的形势依然不容乐观，仍存在一些急需解决的问题，主要表现在以下几个方面：

(1)全局信息化综合水平处于较高位置，各项管理工作对信息化的依赖程度较大，将来会更大，由此产生的信息安全问题将会越来越突出。

(2)对信息安全保障工作认识不高，意识淡薄，重应用、轻安全，重建设、轻管理的现象普遍存在。

(3)信息安全防护能力还比较薄弱，对网络与信息系统的防护水平不高，应急处理能力不强，网络攻击、病毒入侵等日趋严重。

(4)全局信息安全管理的技术人才缺乏，资金投入不足，在一定程度上影响了信息安全管理。

根据国家信息安全保障工作的总体要求，以及小浪底建管局信息安全管理所面临的形势，还要进一步统一思想，提高认识，把信息安全保障工作作为各部门不可忽视的大事来抓。在今后的信息安全管理中还需加强以下几个方面的工作：

(1)进一步提高全局用户的信息安全意识。

(2)进一步加强对信息安全方面的培训，尤其需要加强对从事信息安全管理人员的专门培训。

(3)进一步加强对来自内、外网安全威胁的防范。

(4)建立黑客入侵预警机制。

(5)进一步搞好全局信息安全保障体系建设，确保全局信息安全管理。

第二节　信息系统安全措施和部署

入侵检测系统(IDS)和防火墙是目前两种主要的网络安全技术，在小浪底建管局网络中这两种网络安全技术都得到了较好的应用，这里我们分别介绍 CISCO 防火墙(PIX525)技术和 CISCO 入侵检测系统(IDS4215)的部署和应用。

一、CISCO PIX525 的应用

(一)PIX525 防火墙介绍

PIX 防火墙是 CISCO 端到端安全解决方案中的一个关键组件。是基于专用的硬件和软件安全解决方案，在不影响网络的情况下，提供了高级安全保障。PIX 防火墙使用了包过滤和代理服务器的特色技术。

PIX525 防火墙是针对企业客户而设计的，目的是保护企业总部的边界网络，PIX525 提供完整的防火墙保护能力，并且具有强大的 IPSec VPN 功能。

PIX525 防火墙具有 600 MHz 的处理器，128 M 或 256 M 的 SDRAM，集成了 2 个 10/100 M BASE-T 的快速以太网接口、3 个扩展槽。支持多种类型的接口卡。标准卡包括单端口和 4 端口快速以太网和吉比特以太网卡。PIX525 防火墙前面板上有 2 个 LED，Power(当防火墙加电时变亮)和 Act 当防火墙在故障倒换模式，并处于活动防火墙状态时灯变亮。PIX525 防火墙后面板针对每个接口有 3 个 LED，分别是 100 M bit/s 指示灯、活动指示灯、链路指示灯。接口分别是 10/100 M BASE-TX Ethernet1(内网)、10/100 M BASE-TX Ethernet0(外网)和控制台端口。

(二)PIX525 防火墙的部署

小浪底建管局网络共部署 PIX525 防火墙 4 台，拓扑如图 2-1、图 2-2 所示。郑州生产调度中心网络部署 2 台 PIX525 防火墙(PIX-bangong、PIX-jiashuqu)，分别部署在办公网络和家属区网络。小浪底水利枢纽管理区 2 台(PIX525-office、PIX525-home)，分别部署在办公网络和家属区网络。其中郑州生产调度中心办公网络 PIX525 防火墙增加了单端口模块链接非军事区(DMZ)网络，其他 PIX525 防火墙为标准配置。

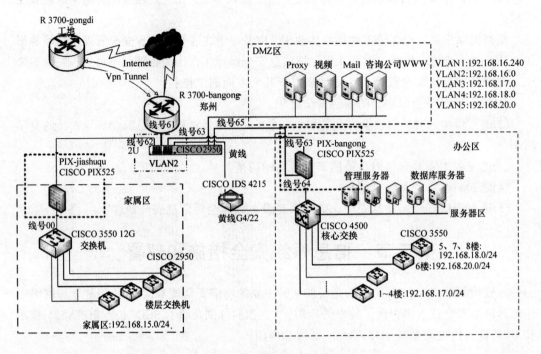

图 2-1　小浪底建管局郑州生产调度中心 PIX525 部署

(三)PIX525 防火墙设置

(1)重新启动 PIX 防火墙。当提示确认时，按下 Enter 键。

PIX525# reload

Proceed with reload? [confirm]< Enter>

(2)进入防火墙的特权模式，提示输入密码时，按下 Enter 键。

PIX525> en

Password:

(3)使用 write terminal 命令在终端上显示 PIX 防火墙的配置信息。

PIX525# write terminal

Building configuration…

(4)输入 show memory 命令。

PIX525# show memory

268435456 bytes total， 238686208 bytes free

(5)输入 show version 命令。

PIX525# show version

显示版本信息等。

(6)配置 PIX 防火墙的接口。

第 1 步，开启 Ethernet 0 和 Ethernet 1 接口的 100 Mbit/s 全双工通信(缺省情况是关闭的)：

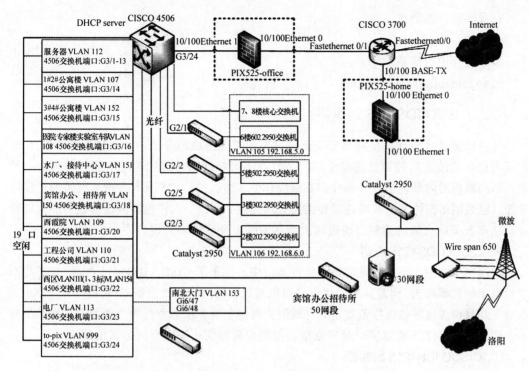

图 2-2　小浪底水利枢纽管理区 PIX525 部署

PIX525#configure terminal

PIX525(config)#interface e0 100full

PIX525(config)#interface e1 100full

第 2 步，给内部和外部网络接口卡分配 IP 地址(例)：

PIX525(config)#ip address inside 10.0.1.1 255.255.255.0

PIX525(config)#ip address outside 192.168.1.2 255.255.255.0

第 3 步，允许来自内部接口的 telnet 会话：

PIX525(config)#telnet 10.0.1.0 255.255.255.0 inside

第 4 步，把配置写入 Flash 中：

PIX525(config)#write memory

(7)测试内部、外部接口的连接性。

Ping 内部接口：PIX525(config)#ping 10.0.1.1

Ping 内部主机：PIX525(config)#ping insidehost

Ping 外部接口：PIX525(config)#ping 192.168.1.2

(8)系统日志信息。

启动系统日志记录

PIX525(config)#logging on

查看系统日志消息

PIX525(config)#show logging

清除缓存中的信息

PIX525(config)#clear logging

二、CISCO IDS4215 的应用

入侵检测技术是计算机网络安全防范体系的重要组成部分之一，入侵检测系统(IDS)被认为是防火墙之后的第二道安全闸门，它在不影响网络性能的情况下能对网络进行监测，从而提供对内部攻击、外部攻击和误操作的实时保护。IDS 具有发现入侵阻断连接的功能，但是网络整体安全策略还需要由防火墙完成。所以，入侵检测应该通过与防火墙联动，动态改变防火墙的策略，通过防火墙从源头上彻底切断入侵行为。

(一)CISCO IDS4215 介绍

在网络安全中小浪底建管局郑州生产调度中心部署了 CISCO IDS4215 产品，该产品不能自身主动拦截攻击，但是其最大优点是可以与思科的网络基础设备(CISCO3700、PIX525)联动，并且调度这些设备拦截攻击，有效阻止网络上的非法恶意行为，例如黑客发动的攻击。CISCO IDS4215 能够实时分析流量，使用户能够快速对安全问题做出反应。

(二)CISCO IDS4215 的部署

在实际使用 IDS 检测系统的时候，首先确定的就是决定应该在系统的什么位置安装检测和分析入侵行为用的感应器或检测引擎。根据 IDS 安放位置示意图来分析检测引擎应该位于网络中的位置(见图 2-3)。位置 1：感应器 1 位于防火墙的外侧(非系统信任区)，它将负责检测来自外部的所有入侵企图(将产生大量的报告)通过分析这些攻击将帮助我们完善系统并决定要不要在系统内部署 IDS。对于一个配置合理的防火墙来说，这些攻击企图不会带来严重的问题，因为只有进入内部网络的攻击才会对系统造成真正损失。位置 2：很多站点都把对外提供服务的服务器单独放在一个隔离的区域，通常称为 DMZ-非军事区。在此放置一个检测引擎是非常必要的，因为这里提供的很多服务都是黑客乐于攻击的目标。位置 3：这里应该是最重要、最应该放置检测引擎的地方。对于那些已经透过系统边缘防护，进入内部网络准备进行恶意攻击的黑客，这里正是利用 IDS 系统及时发现并做出反应的最佳时机和地点。位置 4 和位置 5：这两个位置也不容忽略，虽然比不上位置 3，但经验告诉我们问题往往来自内部。

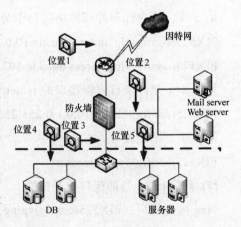

图 2-3　IDS 安放位置示意

根据入侵检测技术的这一特点，检测未授权对象针对系统的入侵企图或行为，监控授权对象对系统资源的非法操作。所以在小浪底建管局网络中受检测对象一定是信息系统中比较重要的一部分。图 2-4 为小浪底建管局 CISCO IDS4215 在网络中的部署。

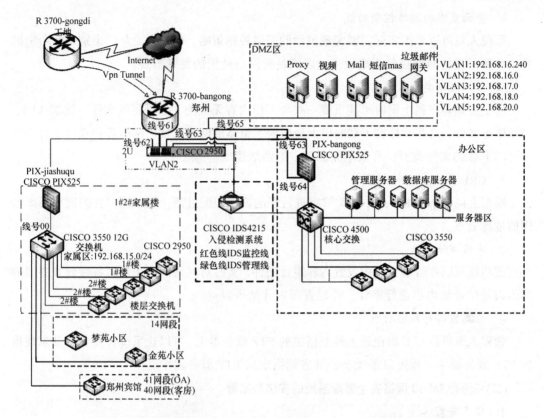

图 2-4　小浪底郑州生产调度中心 CISCO IDS4215 在网络中的部署

三、任天行 M500 网络安全管理系统的应用

任天行网络安全管理系统适用于小浪底建管局用户上网的管理，系统除具有安全审计功能，还具有上网管理功能，可以很好地满足内部联网管理的需要，真正做到维护互联网正常的使用秩序，留存联网计算机的访问日志。

(一)任天行 M500 网络安全管理系统的功能

1. 记录全面的互联网访问信息

任天行网络安全管理系统通过捕获并分析网络数据包，还原出完整的协议原始信息，并准确记录网络访问的关键信息。分析协议包括 HTTP、SMTP、POP3、TELNET、FTP、OICQ 等。记录日志保存在产品自身的存储设备中，按照国家有关规定将至少保留 60 天以上的日志，用户可以在此基数之上自行定制。

2. 实时封堵互联网不良信息

系统实时拦截任何访问不良站点的网络行为，并返回警告页面信息给用户端。

3. 丰富的日志报表和趋势分析图

日志报表通过日志来统计各种上网活动的排名统计，报表和趋势分析等统计图。包括上网排名、游戏排名、封堵排名、网站访问、FTP 访问、Telnet 访问等各种类型的报表和统计图。

4. 全面直观的网络控制功能

管理人员可以根据实际需要实现灵活的网络控制策略，包括对全局、个别组、个别机器以及账号进行网络控制策略设置，以满足对网络使用的特殊需要。

5. 下载文件类型控制

由于终端客户机上网时可能下载一些与工作内容无关的大数据量的文件，比如 AVI、MPEG 等文件，这些文件在下载时极大地影响了整体的网络速度。网络管理者可以自己定义可以下载的文件类型，有效地保证正常的网络速度。

6. URL 地址关键字过滤

根据上网请求 URL 之中的关键字进行智能模糊匹配过滤，便于用户在关键字局部范围的过滤管理。

7. 内容审计功能

该功能可以在管理界面中设置内容审计条件，实时对局域网内用户对各种公共协议的网络访问的详细内容进行审计，并能查阅审计结果。

8. 日志保存与备份功能

管理人员可以将日志记录上传至指定的 FTP 服务器上。可以让系统自动备份日志到指定 FTP 服务器中，也可以手动备份日志到指定的 FTP 服务器中。

(二)任天行 M500 网络安全管理系统的安装和部署

1. 设备安装

将任天行 M500 硬件设备的监测网络接口(ETH0)接入数据总出口的交换机镜像端口，通讯网络接口(ETH1)接入到空闲交换机的普通端口即可进行网络审计和信息过滤(如图 2-5 所示)。

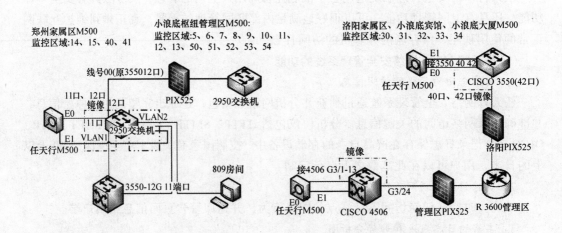

(a)郑州生产调度中心 M500 拓扑图　　(b)洛阳基地、枢纽管理区 M500 拓扑图

图 2-5　任天行 M500 网络接线拓扑图

2. 设备部署

郑州生产调度中心 M500 与 CISCO2950 交换机连接，主要监控生活区和郑州小浪底宾馆区域，监控网段为 14、15、40、41 网段。CISCO2950 交换机 11 端口和 12 端口为镜像端口，12 口上接防火墙，11 端口接监测网络接口(ETH0)。

洛阳基地 M500 与 CISCO3550 交换机连接，主要监控洛阳基地、小浪底大厦和小浪底宾馆区域，监控网段为 30、31、32、33、34 网段。CISCO3550 交换机的 40 端口和 42 端口为镜像端口，42 端口上接防火墙，40 端口接监测网络接口(ETH0)。

小浪底枢纽管理区 M500 与 CISCO4506 交换机连接，主要监控小浪底枢纽管理区，监控网段为 5、6、7、8、9、10、11、12、13、50、51、52、53、54 网段。CISCO4506 交换机的 G3/13 端口和 G3/24 端口为镜像端口，24 端口上接防火墙，13 端口接监测网络接口(ETH0)。

第三节　信息安全日常监控和管理

一、任天行 M500 网络安全管理系统的日常监控和管理

任天行 M500 网络安全管理系统的登录方式，在浏览器中输入地址 https://192.168.12.*/ manage/(以 12 网段为例)，用户名******，口令******。

登录后查看日志记录情况，是否有当天日志信息。定期登录确保任天行 M500 网络安全管理系统的正常使用。

二、垃圾邮件网关的日常监控和管理

(一)垃圾邮件网关的登录
登录方式，在浏览器中输入地址 https://218.28. *.*/admin/，用户名******，口令******。
(二)垃圾邮件网关的日常管理
1. 系统设置
查看更新管理中的立即更新和授权状态。
2. 统计与日志
审查归档邮件中是否有较多的垃圾邮件，有较多垃圾邮件时，将垃圾邮件打包下载，以电子邮件形式提交给售后技术支持(参看第六章)。审查垃圾邮件内容看是否有将正常邮件拦截，如有错误拦截的，需要继续投递。

三、VPN 的设置和日常管理

(一)VPN 远程登录 ACS 认证设置
(1)登录方式，在浏览器中输入地址 http://192.168.16.*:2002，用户名******，口令******。
(2)登录后如图 2-6 所示，选择 Add/Edit ，添加用户名。

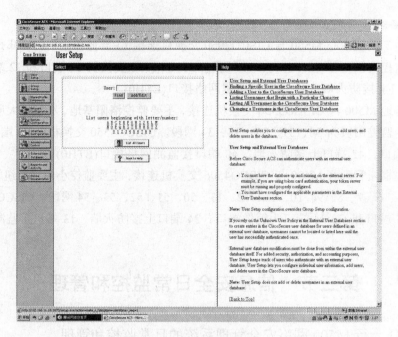

图 2-6 ACS 认证设置界面

(3)设置用户名口令,如图 2-7 所示。

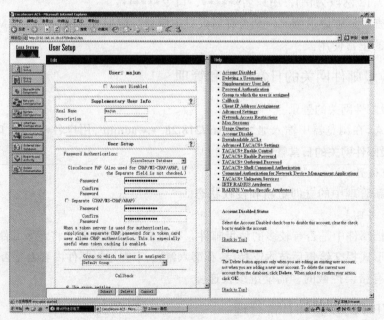

图 2-7 用户口令设置

(二)小浪底建管局 VPN 客户端设置说明

(1)在开始程序(或者桌面)打开 vpn client,进入设置界面;

(2)点击"new"创建一个连接;

(3)在新窗口内"connection entry"填名称(xldvpn)；"host"项输入(218.28.*.*)；

(4)"group authentication"中，"name"项填写(default)，"password"和"confirm password"项均填"******"；

(5)"transport"中将时间值"90"改为"480"，保存退出即可；

(6)确认计算机访问其他网络正常后，打开 vpn client，单击 connect；此时会弹出窗口要求输入 vpn 用户口令和密码(用户：******；密码：******)；

(7)确认后右下角小锁图标处于锁定状态，说明 vpn 连接正常，可以正常使用；

(8)打开浏览器在地址栏输入：192.168.16.*；

(9)不访问办公系统时关闭 vpn client。

第三章　计算机网络管理与维护

第一节　计算机网络概述

随着经济全球化步伐的加快和高科技的广泛应用，计算机网络在全球范围内得到了飞速发展和深入应用，网络化进程不仅促进了生产效率的提高和生产力自身的发展，也极大地改变了传统的信息采集、传递、处理和存储方式，使人们的生活方式和思维方式产生了巨大变化，成为信息化发展水平的重要标志。

网络技术的发展日新月异，小浪底计算机网络作为全局信息化建设的关键基础设施，在设计、建设以及升级过程中始终遵循了以下几个重要原则。

(1)可靠性原则。网络的可靠性就是要求整个网络系统能保持 365 天每天 24 小时持续稳定运行。要确保网络具有高可靠性，就必须选择性能先进、质量优良的网络设备、服务器、存储设备和相应的软件平台。同时，充分考虑网络系统的冗余和容错能力，以减少局部故障影响网络其他部分的运行，并有利于故障的诊断和排除。

(2)可管理性原则。网络的可管理性就是要求整个网络能便于统一管理、监控和维护，并能进行跟踪、诊断和排除故障。网络的可管理性除能对网络的各节点进行监视和设置外，还能够从上至下地对全网的交换性能提供统计图表信息，如总线统计信息、虚拟子网统计信息、端口统计信息、网络结点统计信息、交换矩阵表等。

(3)可扩充性原则。网络的可扩充性是指随着用户业务量的增长，能够根据需要，通过增加软、硬件模块或相应设备等简便方法，就可不断改进网络性能，提高带宽和扩充网络规模，从而最大限度地保护在设备方面的投资。要使网络具有良好的可扩充性，就必须最大限度地采用符合标准的设备，并在网络的结构设计上也要科学、合理。

(4)安全性原则。网络系统应具有很好的安全性能，通过防火墙、病毒防患、灾难处理等手段，保证各种在网数据安全、完整，有效防止非法入侵和破坏，抑制广播风暴的发生。

(5)经济性原则。在满足实用性和一定先进性的基础上，对性价比高的设备优先进行选择。经过近几年的不懈努力，以郑州为网络管理中心覆盖全局的计算机网络系统建设已全部完成，采用公网高速信息通道(VPN)将郑州网络中心与小浪底工地相联接，并通过内部微波(4×2 M)联接至洛阳基地，支持远程访问，形成了分布式、功能齐全的企业内部网，其中郑州网络中心、小浪底枢纽管理区、洛阳基地三个地方的网络构成了全局网络系统的骨干网，为千兆数据交换，外营项目部和移动用户可通过 VPN 访问内部网。

第二节　郑州生产调度中心计算机网络管理

郑州生产调度中心计算机网络为全局计算机网络的核心，布线系统采用美国西蒙公司的布线产品，从中心交换到楼层交换全部采用光纤，实现千兆传输；到桌面的水平部分，郑州生产调度中心办公楼采用六类布线产品，可以达到千兆的传输速率，1 号、2 号家属楼采用超五类布线产品，到桌面为百兆传输。网络设备全部采用 CISCO 公司的产品，中心交换均为千兆交换机，楼层交换均为百兆交换机。

一、郑州生产调度中心网络系统结构

郑州生产调度中心办公网络与家属楼生活网络逻辑上分开设计，均采用星形结构，网络结构图如图 3-1 所示。

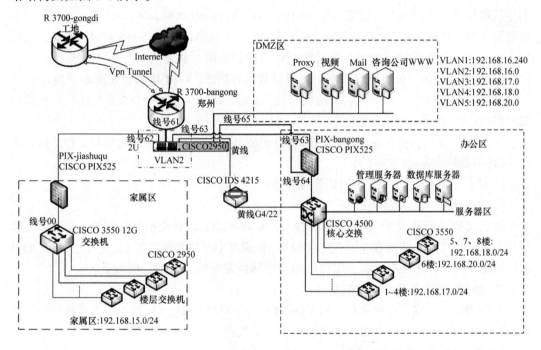

图 3-1　小浪底建管局郑州生产调度中心网络拓扑图

办公楼网络和家属楼网络均采用各自防火墙，共用一台广域网路由器，通过 10 M 宽带光纤与郑州网通宽带网连接。

办公楼网络采用一台 1 000 M 核心交换机，楼层交换机作为接入层，通过光纤接入核心交换。服务器组作为应用核心，直接接入到核心交换中。中心交换机采用一台高性能、大容量、具有高可靠性的多层交换机。办公楼每层设 1 台或 2 台 48 口三层交换机(10/100 M 自适应，带 1 000 M 上联模块)。实现主干交换 1 000 M，到桌面 100 M 的数据交换。

家属楼设一台 1 000 M 接入交换机，配置千兆互联模块，与家属楼接入层交换机相联。1 号家属楼设 1 台 48 口二层交换机(10/100 M 自适应，带 1 000 M 上联模块)和 1 台 24 口二层交换机(10/100 M 自适应，带 1 000 M 上联模块)。2 号家属楼设 2 台 48 口二层交换机(10/100 M 自适应，带 1 000 M 上联模块)和 1 台 24 口二层交换机(10/100 M 自适应，带 1 000 M 上联模块)。实现主干交换 1 000 M，到家庭 100 M 的数据交换。

办公楼网络和家属楼网络均采用防火墙隔离技术保护内部网免受外部的非法侵入。

整个网络配置广域网路由器 1 台，提供与郑州网通宽带网的连接，并作与小浪底枢纽管理区远程互联使用。

配置非军事区 10/100M24 口交换机 1 台。

二、郑州生产调度中心网络设备选型

(一)中心交换机选型

中心交换机采用 1 台 CISCO Catalyst4507，配置 2 个 PWR-C45-1300ACV 电源模块和 2 个 WS-X4515 交换引擎，以提高网络的可靠性。配置 1 个 10/100M WS-X4148-RJ 模块，满足机房设备接入的需要。配置一个 10/100 M/1 000 M WS-X4424-GB-RJ 接口模块，用来连接服务器。配置一个 18 口千兆接口模块和 11 个千兆接口转换器 WS-G5484，实现与楼层交换机的千兆互接。空余两个扩展槽供以后扩展使用。通过该交换机完成如下任务：

(1)构成具有高可靠性的网络主干，提供数据在第 2、3、4 层高速无阻塞交换；

(2)与楼层交换机一起共同实现端到端的 VLAN 划分，通过中心交换机的三层交换功能提供 VLAN 之间的路由互联；

(3)与楼层交换机一起共同实现端到端的 QoS 定义与控制，保证网络对多种传输业务(如视频和音频业务)的支持；

(4)提供中心数据库服务器和其他服务器的集中接入。

(二)办公楼接入层交换机选型

楼层交换机采用 11 台 CISCO Catalyst3550-48-EMI，每台交换机均配置 1 个千兆上联模块和 1 个千兆接口转换器 WS-G5484 模块，实现与中心交换的联接。通过 10/100 M RJ45 接口满足桌面 PC 各种业务和多媒体应用对于网络带宽的日益增长的需要。

(三)家属楼千兆汇聚交换机选型

家属楼千兆汇聚交换机采用 1 台 CISCO Catalyst3550-12G，配置 5 个千兆接口转换器 WS-G5484 模块，实现与家属楼接入层交换机的连接。

(四)家属楼接入层交换机选型

家属接入层交换机采用 3 台 CISCO Catalyst2950G-48-EI 和 2 台 CISCO Catalyst 2950G-24-EI，每台交换机均配置 1 个 WS-G5484 上联模块。

(五)广域网路由器选型

路由器采用 1 台 CISCO 3725 并加配 NM-1FE2W 模块。通过该广域网路由器实现大楼办公网和家属楼的 Internet 访问，以及外地员工通过 Internet VPN 实现远程访问。同时，通过该路由器与工地路由器建立固定的 VPN 通道，实现大楼办公网和小浪底枢纽管理区的 VPN 连接，通过分离列表，将不同来源的访问通过列表区分，建立相应的 VPN 通道，再经过与 ACS 等认证服务的合作，分配相应的 IP 和安全策略，实现系统的 VPN 安全通信。郑州家属楼用户通过该路由器直接访问 Internet 和内部办公网。

(六)非军事区交换机选型

非军事区交换机只作各类网络设备的中间连接使用，采用 1 台 CISCO Catalyst 2950G-24。

(七)防火墙设备选型

调度中心办公楼防火墙配置 CISCO PIX-525-UR-GE-BUN，支持无限访问许可。通过该防火墙实现内外网之间的进出控制，并主要完成如下功能：

(1)通过对 IP 检查，过滤对网络安全有潜在威胁的 IP 数据包；

(2)屏蔽对于网络不必要且有安全漏洞的服务，如 Telnet、FTP 等；

(3)控制从 Internet 上过来的 IP 数据的流向，如数据包其目的地址只能是某个区域的 DNS、WWW 等服务器；

(4)屏蔽对于某些 Internet 站点的访问；

(5)完成系统内部 IP 地址到 Internet 合法 IP 地址的转换，保证能够从系统内部访问 Internet，隐蔽内部网络和主机的结构；

(6)详细的访问日记，即 ACCESS LOG，通过访问日志跟踪和发现入侵者。

家属楼防火墙配置 1 台相同的 CISCO PIX-525-UR-FE-BUN，满足家属楼用户上网需要，并实现与办公楼防火墙相同的功能。

(八)入侵检测系统选型

办公楼网络安全入侵检测系统采用 CISCO IDS-4215，通过该系统实现对安全可见度、拒绝服务(DoS)保护、反黑客检测和电子商务业务防护等，实现每天 24 小时的监控和响应，自动发现网络上的安全漏洞，并给出分析报告，为重新进行网络安全配置提供可靠依据。安全访问认证系统选型。

办公楼网络安全访问认证系统采用 CISCO Cecure ACS 3.2，实现远程移动用户 VPN 身份认证与内部用户身份管理，并主动识别用户在网络中的身份，创建用户注册策略捆绑，确保每个用户只能使用获得授权的子网或网段，只能接收与用户所在的逻辑组对应的 IP 地址。

三、郑州生产调度中心网段的划分

为方便郑州生产调度中心网络的管理，按地理位置和使用功能不同共划分了以下 10 个网段：

(一)生活区

192.168.14.0 为金苑小区和梦苑小区等生活区用户网段；

192.168.15.0 为 1 号、2 号家属楼用户网段；

192.168.41.0 为宾馆对外服务网段；

192.168.40.0 为宾馆办公网段；

192.168.44.0 为生活区网络设备管理网段。

(二)办公区

192.168.16.0 网段为服务器管理区和办公楼网络设备管理区，全局其他网段均可访问服务器管理区；

192.168.17.0 为办公楼 1~4 楼用户网段；

192.168.18.0 为办公楼 5、7、8 楼用户网段；

192.168.20.0 为办公楼 6 楼用户网段；

192.168.19.0 为远程移动用户网段。

第三节　小浪底枢纽管理区计算机网络管理

　　小浪底枢纽管理区网络既是管理区各部门子网(坝顶控制楼网络、地面副厂房网络、西霞院现场办公楼、工程公司办公楼网络、旅游公司办公区网络、桥沟公寓楼网络、检测中心网络、桥沟西区网络等)的关键汇聚点和接入点，也是洛阳与郑州远程互联的转接点，是影响全局网络管理、扩展、数据传输和网络稳定的关键因素。

　　小浪底枢纽管理区骨干网，即枢纽管理区办公楼网络垂直部分采用千兆光纤传输，水平部分采用西蒙超五类布线系统。同时在办公楼 7 楼机房布置 1 台带 18 路光纤通道的集中式光纤收发器，与坝顶控制楼、地面副厂房、西霞院现场办公楼、工程公司办公楼等子网相联。

　　小浪底枢纽管理区办公网络也为星形结构，枢纽区办公网络和洛阳基地网络均采用各自防火墙，共用一台广域网路由器，通过 100 M 宽带光纤与洛阳网通宽带网连接。网络结构如图 3-2 所示。

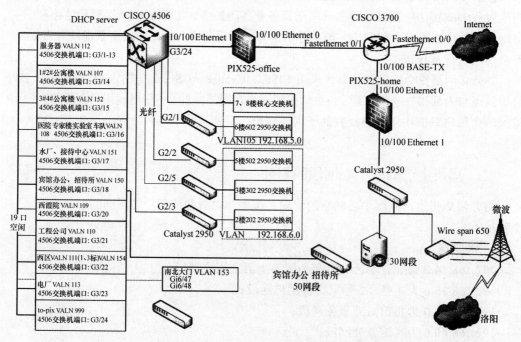

图 3-2　小浪底枢纽管理区网络拓扑图

一、小浪底枢纽管理区网络设备配置

　　考虑到枢纽管理区骨干网的可靠性，与郑州生产调度中心网络的一致性和统一管理，以及现有网络规模和以后的扩展性，中心交换机选择思科中端交换产品 CISCO Catalyst 4506，实现网络骨干千兆交换。

　　中心交换机配置 2 个 PWR-C45-1300ACV 电源模块；配置 1 个 WS-X4515 交换引擎；配置 2 个 WS-X4148-RJ 模块，满足机房和七、八层计算机接入要求；配置 1 个 WS-X4418-GB

接口模块，配置 4 个千兆互联模块 WS-G5484，与楼层交换机互联，并预留 14 个扩展端口；配置 1 个 WS-X4424-GB-RJ45 模块，与各部门子网联接；空余 1 个扩展槽。

楼层交换机选择经济实用的思科低端产品 Catalyst2950G-48，二、三、五、六层配线间各配 1 台，每台配 1 个千兆上联模块 WS-G5484 与中心交换机相联，实现主干 1 000 M 数据交换，每台交换机提供 48 个 10/100 M 自适应端口，实现到桌面 100 M 数据交换。中心交换机升级。考虑到郑州、工地、洛阳三地骨干网的可靠性、一致性和统一管理，以及现有网络规模和以后的扩展性，中心交换机选择思科中端交换产品 CISCE Catalyst4506，实现网络骨干千兆交换。

各子网交换机均选择经济实用的思科低端产品 Catalyst2950G-48、Catalyst 2950G-24、Catalyst2960-24—L。

路由器仍采用 1 台 CISCO 3725 并加配 NM-1FE2W 模块。通过该广域网路由器实现枢纽管理区网络和洛阳基地网络访问 Internet。同时，通过该路由器与郑州生产调度中心路由器建立固定的 VPN 通道，实现小浪底枢纽管理区和郑州生产调度中心办公网的 VPN 连接，实现枢纽管理区和洛阳基地用户对办公网的访问。

防火墙仍配置 1 台 CISCO PIX-525-UR-GE-BUN，支持无限访问许可。通过该防火墙实现内外网之间的进出控制。

二、小浪底枢纽管理区网段的划分

由于枢纽管理区网络覆盖面较大，为方便管理和日常维护，主要按地理位置将枢纽管理区网络划分了 14 个网段。其中：

192.168.5.0 为办公楼 6~8 楼用户网段；

192.168.6.0 为办公楼 1~5 楼用户网段；

192.168.7.0 为 1 号、2 号公寓楼用户网段；

192.168.8.0 为坝顶控制楼和地面副厂房用户网段；

192.168.9.0 为西霞院办公网段；

192.168.10.0 为工程公司、公安处办公楼网段；

192.168.11.0 为西区一标和三标网段；

192.168.12.0 为管理区中心机房服务器区网段；

192.168.13.0 为电厂坝顶控制楼、地面副厂房网段；

192.168.50.0 为小浪底宾馆办公和招待所网段；

192.168.51.0 为接待中心和水厂网段；

192.168.52.0 为 3 号、4 号公寓楼网段；

192.168.53.0 为景区北大门网段；

192.168.54.0 为二标生活区网段。

第四节　洛阳基地计算机网络管理

洛阳基地宽带网为小浪底建管局网络不可分割的组成，不仅要满足家庭用户访问因特网，而且还要满足部分办公人员访问内部办公网等。所以洛阳基地网络在设计上与建管局整体网络规划相一致。

洛阳基地宽带网采用主干千兆交换，超5类双绞线到家庭，10/100 M自适应到桌面设计方案。在1号楼机房设1台千兆接入交换机，2～9号楼各设1台48口10/100 M自适应交换机，洛阳物业管理和小浪底大厦等办公处各设1台24口10/100 M自适应交换机，小浪底大厦客房设置8台24口10/100 M自适应交换机。小浪底大厦客房各交换机经过集联后，通过光纤与接入交换机进行联接，其余各楼交换机均直接通过光纤直接与汇聚交换机相联，构成洛阳基地局域网。洛阳基地局域网通过内部4×2 M微波与枢纽管理区网络互联，进而实现与郑州办公楼的远程互联互通，满足洛阳基地用户的办公和上网需求。

一、洛阳基地网络设备配置

为保证小浪底建管局整个网络设备的一致性，实现远程管理和维护，并具有良好的稳定性和易用性，以及未来网络功能的可扩展性，网络设备全部采用思科公司的交换设备。

1号楼机房接入交换机选择CISCO Catalyst3550-12G。CISCO Catalyst 3550-12G配置8个WS-G5484千兆互联模块，与2～9号楼楼宇交换机互联，配置2个WS-G5486千兆互联模块，与小浪底大厦办公和客房上网交换机相联，如图3-3所示。

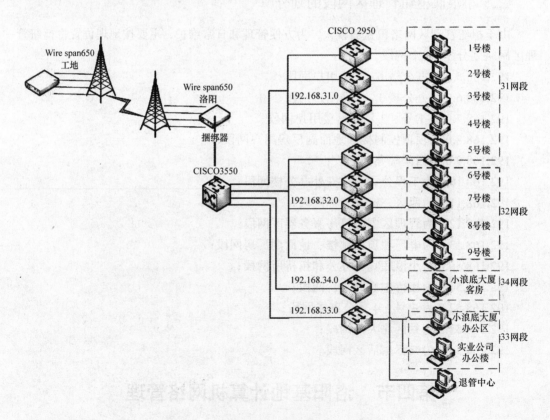

图3-3　小浪底洛阳基地网络拓扑图

2~9楼各楼宇交换机选择 CISCO Catalyst950G-48 交换机，各配置 1 个 WS-G5484 千兆上联模块，与接入交换机相联。小浪底大厦办公交换机选择 CISCO Catalyst2950G-24 交换机，配 1 个 WS-G5486 千兆上联模块。客房交换机选择 CISCO Catalyst2960-24-L 交换机。

二、洛阳基地网段的划分

洛阳基地网络共划分了 5 个网段。其中：

192.168.30.0 为洛阳基地网络管理网段；

192.168.31.0 为 1~5 号家属楼网段；

192.168.32.0 为 6~9 号家属楼网段；

192.168.33.0 为小浪底大厦办公区和实业公司网段；

192.168.34.0 为小浪底大厦客房网段。

第五节　网络远程互联管理

郑州生产调度中心与小浪底枢纽管理区之间采用 VPN 路由器，通过 Internet 建立 VPN 专用通道进行联接，小浪底枢纽管理区与洛阳基地之间采用内部 4×2 M 微波进行互连。

三地网络互联示意如图 3-4 所示。

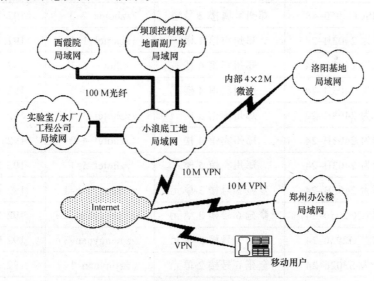

图 3-4　三地网络互联拓扑图

第六节　计算机网络 IP 地址分配与管理

全局计算机网络各接入层交换机端口 IP 地址配置如表 3-1 所示。

表 3-1　接入层交换机端口 IP 地址配置表

序号	设备型号	设备位置	设备管理名称	设备管理 IP
1	CISCO2950-48	郑州办公楼 2 楼	zzoffice-2-1	192.168.16.243
2	CISCO2950-48	郑州办公楼 2 楼	zzoffice-2-2	192.168.16.244
3	CISCO2950-48	郑州办公楼 2 楼	zzoffice-2-3	192.168.16.245
4	CISCO2950-48	郑州办公楼 3 楼	zzoffice-3-1	192.168.16.246
5	CISCO2950-48	郑州办公楼 4 楼	zzoffice-4-1	192.168.16.247
6	CISCO2950-48	郑州办公楼 4 楼	zzoffice-4-2	192.168.16.248
7	CISCO2950-48	郑州办公楼 5 楼	zzoffice-5-1	192.168.16.249
8	CISCO2950-48	郑州办公楼 5 楼	zzoffice-5-2	192.168.16.250
9	CISCO2950-48	郑州办公楼 6 楼	zzoffice-6-1	192.168.16.251
10	CISCO2950-48	郑州办公楼 7 楼	zzoffice-7-1	192.168.16.252
11	CISCO4507	郑州办公楼 8 楼	CORE-Switch	192.168.16.1
12	CISCO2950-48	郑州家属楼 1 号楼	zzhome-1-1	192.168.15.254
13	CISCO2950-24	郑州家属楼 1 号楼	zzhome-1-2	192.168.15.253
14	CISCO2950-48	郑州家属楼 2 号楼	zzhome-2-1	192.168.15.252
15	CISCO2950-48	郑州家属楼 2 号楼	zzhome-2-2	192.168.15.251
16	CISCO2950-48	郑州家属楼 2 号楼	zzhome-2-3	192.168.15.250
17	华为 2403H-24	郑州宾馆 1 楼	zzhotel-1-1	192.168.41.253
18	华为 2403H-24	郑州宾馆 6 楼	zzhotel-6-1	192.168.41.252
19	华为 2403H-24	郑州宾馆 4 楼	zzhotel-4-1	192.168.41.254
20	华为 2403H-24	郑州宾馆 3 楼	zzhotel-3-1	192.168.40.254
21	华为 2403H-24	郑州宾馆 4 楼	zzhotel-4-2	192.168.40.253
22	华为 2403H-24	郑州宾馆 5 楼	zzhotel-5-1	192.168.40.252
23	华为 2403H-24	梦苑 5 号楼 3 单元	zzmengyuan-1	192.168.14.254
24	CISCO2950-24	梦苑 6 号楼 2 单元	zzmengyuan-2	192.168.14.253
25	CISCO2950-24	梦苑 3 号楼 2 单元	zzmengyuan-3	192.168.14.252
26	华为 S3026-24	金苑 6 号楼 2 单元	zzjinyuan-1	192.168.14.251
27	华为 2403H-24	金苑 6 号楼 3 单元	zzjinyuan-2	192.168.14.250
28	华为 2403H-24	金苑 15 号楼 2 单元	zzjinyuan-3	192.168.14.249
29	华为 2403H-24	金苑 15 号楼 3 单元	zzjinyuan-4	192.168.14.248
30	CISCO3550-12G	洛阳家属区 1 号楼	lyhome-CORE	192.168.30.254
31	CISCO2950-24	洛阳家属区 1 号楼	lyhome-1	192.168.31.254

序号	设备型号	设备位置	设备管理名称	设备管理 IP
32	CISCO2950-48	洛阳家属区 2 号楼	lyhome-2	192.168.31.253
33	CISCO2950-48	洛阳家属区 3 号楼	lyhome-3	192.168.31.252
34	CISCO2950-48	洛阳家属区 4 号楼	lyhome-4	192.168.31.251
35	CISCO2950-48	洛阳家属区 5 号楼	lyhome-5	192.168.32.254
36	CISCO2950-48	洛阳家属区 6 号楼	lyhome-6	192.168.32.253
37	CISCO2950-48	洛阳家属区 7 号楼	lyhome-7	192.168.32.252
38	CISCO2950-48	洛阳家属区 8 号楼	lyhome-8	192.168.32.251
39	CISCO2950-48	洛阳家属区 9 号楼	lyhome-9	192.168.32.250
40	CISCO2950-24	小浪底大厦 2、6 楼	lyhotel-1	192.168.33.254
41	CISCO2950-24	旅游公司小二楼	lyoffice-1	192.168.33.252
42	CISCO2950-24	小浪底大厦客房	lyhotel-2	192.168.34.254
43	CISCO2950-24	小浪底大厦 3、4 楼	lyhotel-3	192.168.33.253
44	CISCO2950-48	工地办公楼 2 楼	xldoffice-2-1	192.168.6.254
45	CISCO2950-24	工地办公楼 2 楼	xldoffice-2-2	192.168.6.253
46	CISCO2950-48	工地办公楼 3 楼	xldoffice-3-1	192.168.6.252
47	CISCO2950-48	工地办公楼 5 楼	xldoffice-5-1	192.168.6.251
48	CISCO2950-48	工地办公楼 6 楼	xldoffice-6-1	192.168.6.250
49	CISCO4506	工地办公楼 7、8 楼	XLD-4506	192.168.6.1
50	CISCO2950-24	专家楼 1 单元 2 楼	xldzhuanjia-1	192.168.8.254
51	CISCO2950-24	医院 3 楼	xldyiyuan-1	192.168.8.253
52	CISCO2950-24	车队	xldchedui-1	192.168.8.252
53	CISCO2950-24	实验室	xldshiyanshi-1	192.168.8.251
54	CISCO2950-24	水厂 2 楼	xldshuichang-1	192.168.8.250
55	CISCO2950-24	接待中心	xldjiedai-1	192.168.8.249
56	CISCO2950-24	接待中心	xldjiedai-2	192.168.8.248
57	CISCO2950-24	小浪底宾馆-客房	xldhotelinternet-1	192.168.30.250
58	CISCO2950-24	小浪底宾馆-办公	xldhoteloffice-1	192.168.7.240
59	CISCO2950-24	西霞院项目部	xldxixiayuan-1	192.168.9.254
60	CISCO2950-24	西霞院项目部	xldxixiayuan-2	192.168.9.253
61	CISCO2950-24	西霞院项目部	xldxixiayuan-3	192.168.9.252

序号	设备型号	设备位置	设备管理名称	设备管理 IP
62	CISCO2950–24	西霞院项目部	xldxixiayuan–4	192.168.9.251
63	CISCO3550–12G	工程公司办公楼	xldgongcheng–1	192.168.10.254
64	CISCO2950–48	工程公司办公楼	xldgongcheng–2	192.168.10.253
65	CISCO2950–48	工程公司办公楼	xldgongcheng–3	192.168.10.252
66	CISCO2950–48	工程公司办公楼	xldgongcheng–4	192.168.10.251
67	CISCO2950–24	工程公司办公楼	xldgongcheng–5	192.168.10.250
68	CISCO2950–48	公安处办公楼	xldpolice–1	192.168.10.249
69	CISCO2950–48	公安处办公楼	xldpolice–2	192.168.10.248
70	CISCO2950–24	电厂坝顶 2 楼	xlddianchang–1	192.168.13.254
71	CISCO2950–24	电厂坝顶 2 楼	xlddianchang–2	192.168.13.253
72	CISCO2950–48	电厂地面副厂房 2 楼	xlddianchang–3	192.168.13.252
73	CISCO2950–24	小浪底西区	xldxqhome–1	192.168.11.254
74	CISCO2950–24	小浪底西区	xldxqhome–2	192.168.11.253
75	CISCO2950–24	小浪底西区	xldxqhome–3	192.168.11.252
76	CISCO2950–24	小浪底西区	xldxqhome–4	192.168.11.251
77	CISCO2950–24	小浪底西区	xldxqhome–5	192.168.11.250
78	CISCO2950–24	小浪底西区	xldxqhome–6	192.168.11.249
79	CISCO2950–24	小浪底西区	xldxqhome–7	192.168.11.248
80	CISCO2950–24	小浪底西区	xldxqhome–8	192.168.11.247
81	CISCO2950–24	小浪底西区	xldxqhome–9	192.168.11.246
82	CISCO2950–24	小浪底西区	xldxqhome–10	192.168.11.245
83	CISCO2950–24	小浪底西区	xldxqhome–11	192.168.11.244
84	CISCO2950–24	小浪底西区	xldxqhome–12	192.168.11.243
85	CISCO2950–24	小浪底西区	xldxqhome–13	192.168.11.242
86	CISCO2950–24	小浪底公寓楼 1 号–1	xlddqhome–1–1	192.168.7.254
87	CISCO2950–24	小浪底公寓楼 1 号–2	xlddqhome–1–2	192.168.7.253
88	CISCO2950–24	小浪底公寓楼 1 号–3	xlddqhome–1–3	192.168.7.252
89	CISCO2950–24	小浪底公寓楼 1 号–4	xlddqhome–1–4	192.168.7.251

序号	设备型号	设备位置	设备管理名称	设备管理 IP
90	CISCO2950–24	小浪底公寓楼 1 号–5	xlddqhome–1–5	192.168.7.250
91	CISCO2950–24	小浪底公寓楼 2 号–1	xlddqhome–2–1	192.168.7.249
92	CISCO2950–24	小浪底公寓楼 2 号–2	xlddqhome–2–2	192.168.7.248
93	CISCO2950–24	小浪底公寓楼 2 号–3	xlddqhome–2–3	192.168.7.247
94	CISCO2950–24	小浪底公寓楼 2 号–4	xlddqhome–2–4	192.168.7.246
95	CISCO2950–24	小浪底公寓楼 2 号–5	xlddqhome–2–5	192.168.7.245
96	CISCO2950–24	小浪底公寓楼 3 号–1	xlddqhome–3–1	192.168.5.254
97	CISCO2950–24	小浪底公寓楼 3 号–2	xlddqhome–3–2	192.168.5.253
98	CISCO2950–24	小浪底公寓楼 3 号–3	xlddqhome–3–3	192.168.5.252
99	CISCO2950–24	小浪底公寓楼 3 号–4	xlddqhome–3–4	192.168.5.251
100	CISCO2950–24	小浪底公寓楼 3 号–5	xlddqhome–3–5	192.168.5.250
101	CISCO2950–24	小浪底公寓楼 4 号–1	xlddqhome–4–1	192.168.5.249
102	CISCO2950–24	小浪底公寓楼 4 号–2	xlddqhome–4–2	192.168.5.248
103	CISCO2950–24	小浪底公寓楼 4 号–3	xlddqhome–4–3	192.168.5.247
104	CISCO2950–24	小浪底公寓楼 4 号–4	xlddqhome–4–4	192.168.5.246
105	CISCO2950–24	小浪底公寓楼 4 号–5	xlddqhome–4–5	192.168.5.245

第四章 办公系统管理与维护

第一节 办公系统概述

小浪底办公系统主要由小浪底综合数字办公平台、小浪底网站、邮件系统、视频点播系统、代理服务器和短信平台等部分组成。

小浪底综合数字办公平台是小浪底建管局办公业务的主要综合应用平台,目前全局日常的文件流程、部门间业务、合同会签、电子公告、新闻发布等都在该系统中完成。电厂、服务中心、旅游公司、工程公司、咨询公司等相关部门的内部办公也在该系统中完成。系统日访问量和日使用量较大,产生的数据较多,所以系统的日常维护十分关键,确保系统的安全稳定运行十分重要。

小浪底网站、邮件系统、视频点播系统、短信平台都集成在小浪底综合数字办公平台上,为办公业务的辅助系统,每个系统也可独立运行。

第二节 小浪底综合数字办公平台的管理与维护

一、小浪底综合数字办公平台的总体设计

小浪底综合数字办公平台的总体设计思想是:在小浪底建管局内部构建一个合理、开放和基于标准的办公平台,并通过平台逐步完善,覆盖到所有业务领域的应用系统,用户可根据业务需求选择相应的业务管理系统进行办公。同时,在小浪底内部建立一个安全授权管理体系,对内部网中的每个个体用户按照角色,统一分配网络资源,奠定网络个性化服务基础。

根据上述总体设计思想,以及当前的技术发展水平,小浪底综合数字办公平台采用的技术线路为:基于浏览器/应用服务器/数据库三层体系设计,开发环境采用 J2EE 标准,应用服务器采用 Bea 公司的 WebLogic,数据库采用甲骨文公司的大型关系数据 Oracle 10G,应用 Novell 公司的 NDS 目录服务技术构建内网平台及安全授权体系,统一采用 Java 语言开发,操作系统采用 Linux 和 Unix。系统总体逻辑结构图如图 4-1 所示。

按照上述技术线路设计出的小浪底综合数字办公平台的主要特点为:

(1)标准性。系统基于当前流行的 J2EE 标准,加入业务层的三层架构体系显然更适应从数据库提取复杂数据并将之封装成业务对象的工作,由中间件供应商提供的基础服务大大简化了开发繁复的步骤,并实现了分布式开发部署,各个子应用系统的设计也相应地采用了当前的流行标准。

(2)高效性。基于三层架构的设计基础,Java 语言有着目前别的语言不可替代的效率优势,整个系统科学的面向对象设计、数据库设计以及合理的算法保证系统的高效运行。

(3)平台资源管理。将组织、用户、服务等基本信息统一采集录入到平台,平台目录服

务提供了强大的信息管理功能。基于不同类属性构造的对象形成一个个树形结构的对象组织非常接近于现实事物的信息抽象。而目录服务中的每一个信息单元对象拥有的权限特性实现了信息资源可以对不同的用户对象进行屏蔽或者公开。

(4)安全性。在网络安全的基础上，基于目录服务的身份认证和访问控制、数据传输加密，确保整个应用系统的安全性。

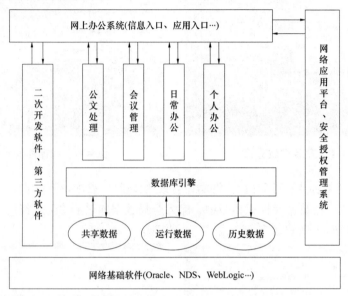

图 4-1　系统总体逻辑结构图

二、Oracle 数据库管理与维护

(一)数据库服务的安装

选择 Oracle 数据库光盘"disk1"中的 setup.exe，出现欢迎使用安装界面(见图 4-2)。点击"下一步"，出现文件定位界面(见图 4-3)。选中 products.jar 的完整路径，在安装目标中输入 Oracle 的安装路径，点击"下一步"。

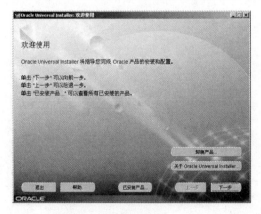

图 4-2　安装界面

图 4-3　文件定位界面

在出现安装类型界面(见图 4-4)后，选择"企业版"点击"下一步"，进入数据库配置界面(见图 4-5)。在数据库配置界面中选择"通用"，点击"下一步"。

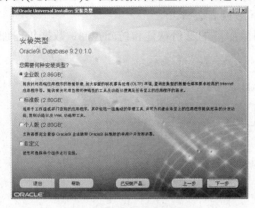 

图 4-4　安装类型界面　　　　　　　　图 4-5　数据库配置界面

在 MTS 配置界面中(见图 4-6)，将端口号改为 1521，点击"下一步"，出现数据库标识界面(见图 4-7)。在数据库标识界面中，输入全局数据库名和 SID，都输为 risenet，这里的 SID 就是数据库实例的名字，点击"下一步"。

 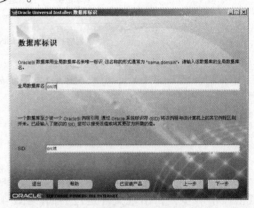

图 4-6　MTS 配置界面　　　　　　　　图 4-7　数据库标识界面

在数据库文件位置界面中，输入数据库文件目录，可以默认不作更改，点击"下一步"。使用缺省字符集，点击"下一步"。显示安装摘要，点击"安装"。

开始安装(见图 4-8)，等待安装完毕。安装完毕后，输入数据库默认管理员 sys 和 system 的密码，输入完毕，点击"确认"即可完成对 oracle 的安装。

(二)客户端连接工具安装

首先插入 oracle 客户端的安装光盘，双击 setup 出现图中界面(见图 4-9)，选中管理员模块

图 4-8　安装进行界面

点击"下一步"。主机名填入 192.168.16.26，选择使用标准端口号 1521 点击"下一步"。

在安装完毕后启动 oracle 企业管理器(见图 4-10)，点击左侧"网络"，选择手动添加数据库，在主机名一栏填入 192.168.16.26，端口号填入 1521，SID 填入 risenet，点击"确定"即可。

图 4-9　选择安装类型　　　　　　　　　　图 4-10　企业管理器

(三)数据库维护

1. 数据库维护

1)PLSQL 维护工具

随着使用的深入，用户会出现一些我们用正常的维护手段无法解决的问题。比如意见签错、公文无法正常流转等。这时需要我们对数据库进行底层操作才能完成维护。

对数据库维护我们可以采用 oracle client 10g 自带的 sqplus 进行。但这里我们推荐使用第三方工具 PL/SQL Developer，这个工具在 oracle client 10g 客户端安装好后即可安装，采用默认安装方式。

在安装完成后启动 PL/SQL 输入用户名和密码，点击"OK"登录，如图 4-11 oracle login 窗口。登录后选择"file→new→sql windows"，选择后会出现如图 4-12 所示 sql 语句输入窗口，就可以执行我们想执行的命令了。

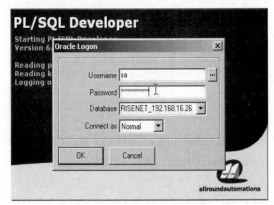 

图 4-11　oracle login 窗口　　　　　　　图 4-12　sql 语句输入窗口

2)查找公文 guid

查找公文 guid 过程如下：打开有问题的公文，点击"查看历程表"，在打开的历程表空白处点击右键选择"属性"，在如图 4-13 中的 URL 栏中可以找到 guid，复制下来。

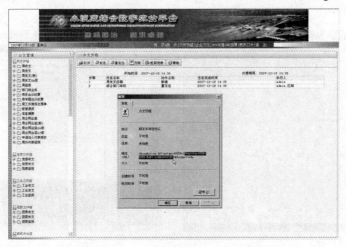

图 4-13

3)如何提交公文

在流程管理中找到该流程并选中它，点击"确定"打开流程，如图 4-14 所示，在打开的流程名称上单击右键，选中"提交工作流"，等待完成即可。该工作流就会被提交，如果一次想提交所有工作流，点击提交所有工作流，如图 4-15 所示。

图 4-14   图 4-15

4)数据库备份

数据库备份可以采用远程连接的方式进行，但备份过程中客户端机器不能断开连接及中断程序执行。备份数据库的工具采用 SSH Secure Shell Client，该工具安装时采用默认安装即可。

备份过程如下，双击打开 SSH Secure Shell Client 客户端，点击 Quick connect，打开快速连接窗口，如图 4-16 所示。在打开窗口中输入 Host name：192.168.16.26，User name：

oracle。其他采用默认设置，然后点击 connect 按钮，如图 4-17 所示。在弹出的新窗口中输入密码，点击"OK"，进入连接。

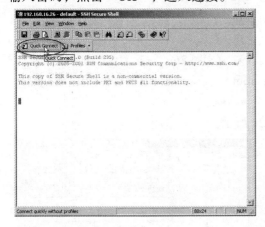
图 4-16

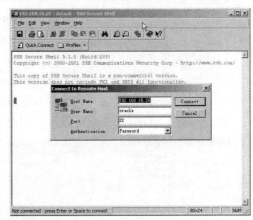
图 4-17

在远程连接窗口里输入以下语句，回车后开始备份，如图 4-18 所示。

exp sa/****** file=/global/oradb/risenet20071219.dmp

其中"sa"是备份所使用的用户名，"*"是密码；risenet20071219.dmp 为备份数据文件的名称，随着日期的变化更改。

待备份完成后会出现 successfully 字样，提示备份完成，就可以关闭该工具了。

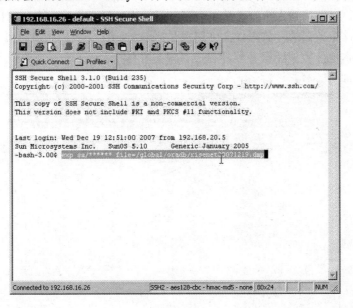
图 4-18

5)附件备份及数据库备份导出

导出备份后数据时采用 winscp 工具，首先双击打开 winscp 工具点击右上角的选项"New"，如图 4-19 所示。

在打开的窗口中输入想登录的服务器：

(1)附件所在服务器信息如下：Host name：192.168.16.10

User name：root

Password：******

(2)数据库服务器信息如下： Host name：192.168.16.26

User name：root

Password：******

输完信息后点击"Login"即可，如图 4-20 所示。

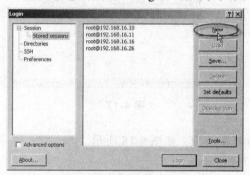 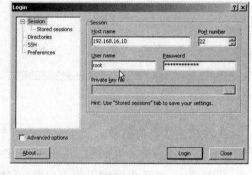

图 4-19   图 4-20

　　在打开的窗口中找到对应的文件夹，如图 4-21 所示，可以点击下拉菜单选择目录，或双击打开目录，直到找到为止。通常左边窗口显示本地磁盘内容，右边窗口显示远程连接磁盘内容。附件服务器的存放附件文件路径是/data/risefile，我们拷贝时可以把 risefile 整个目录拷贝到本地。数据库服务器的存放目录是在/global/oradb/这个路径下，找到对应的数据文件拷贝即可。

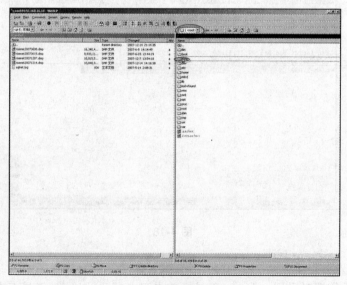

图 4-21

2. 公文没有发送动作

公文在重定位到某一任务后，没有任务的发送动作，只有办理完成按钮。要处理这一问题，首先要找到公文的 guid。在打开的 PL/SQL 窗口中输入下面语句：

delete office_workflowinstanceactors where workflowinstance_guid='{BFA8100A- FFFF-FFFF-EAF7-18BB0000C5BC}' and actors_classify=3

按图 4-22 中所示顺序执行即可。在执行完后，必须提交该错误文件所在流程或重新定位该文件到当前用户。

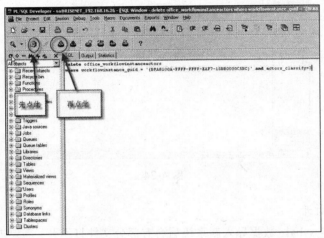

图 4-22

3. 填错批示

找到错误批示文件的 guid 在 PL/SQL 中输入下面语句：

select * from office_workflowcomment where workflowinstance_guid = '{BFA8100A -FFFF – FFFF-EAF7-18BB0000C5BC}' for update

点 F8 执行，执行结果会输出到如图 4-23 所示窗口中。

图 4-23

想对批示进行修改或删除，首先对该记录进行解锁，找到对应的批示，如果是删除，点击图 4-24 所示"–"图标，如果修改找到 comment_content 字段对应的内容进行修改，在修改完毕后，先点图中"√"图标提交，再点图中所示"最后提交"所指示图标提交。

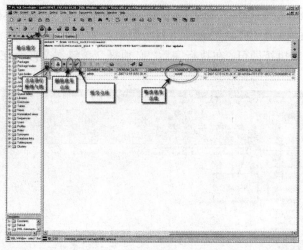

图 4-24

4. 附件无法打开

部分数据从老 sybase 数据导入新系统后会有部分文件打不开，需要进行解决。先找到该公文的 guid，在 PL/SQL 中输入如下语句：

select * from risenet_filewhere appinstguid='{BFA8100A-FFFF-FFFF-EAF7-18BB0000 C5BC}'

按 F8 执行就会在 PL/SQL 窗口中输出结果，找到 REALFULLPATH 字段对应的内容就是附件的名称及所在文件夹，复制下文件名称，如该示例的名字是：test.{BFA8100A-FFFF-FFFF-F174-EC5D0000F6D7}.2.1，然后在我们手动导出的附件中查找该文件即可(老附件内容存在备份计算机中)。如图 4-25 所示。

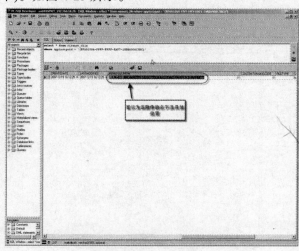

图 4-25

三、WebLogic 应用服务的管理与维护

(一)Weblogic 的安装

(1)在 Linux 系统运行光盘上 WebLogic 安装程序/mnt/cdrom/platform700_linux32.bin，为了使系统自动挂接光驱，并正确显示汉字，编辑/etc/fstab 文件，如图 4-26 所示。

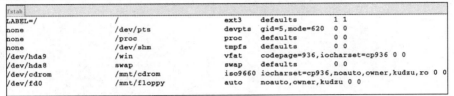

```
fstab
LABEL=/                        /                    ext3      defaults              1 1
none                           /dev/pts             devpts    gid=5,mode=620        0 0
none                           /proc                proc      defaults              0 0
none                           /dev/shm             tmpfs     defaults              0 0
/dev/hda9                      /win                 vfat      codepage=936,iocharset=cp936 0 0
/dev/hda8                      swap                 swap      defaults              0 0
/dev/cdrom                     /mnt/cdrom           iso9660   iocharset=cp936,noauto,owner,kudzu,ro 0 0
/dev/fd0                       /mnt/floppy          auto      noauto,owner,kudzu 0 0
```

图 4-26

(2)按照安装程序步骤提示，逐步安装。

(3)选择主目录/usr/local/bea，如图 4-27 所示，点击"Next"，进入下一步。

(4)选择安装类型，典型安装(Typical installation)如图 4-28 所示，点击"Next"，进入下一步。

图 4-27

图 4-28

(5)选择产品安装目录/usr/local/bea/weblogic700，如图 4-29 所示。点击"Next"，进入下一步。

(6)产品安装完成，点击"Done"，产品安装阶段结束，安装程序进入配置阶段。如图 4-30 所示。

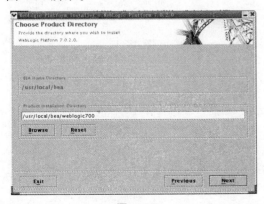

图 4-29

图 4-30

(7)安装程序进入配置阶段，首先选择域类型和名称，类型选择为 WLS Domain，名称为 mydomain，如图 4-31 所示。点击"Next"，进入下一步。

(8)选择服务器类型,选择:单站服务器(Standalone Server),如图 4-32 所示。点击"Next",进入下一步。

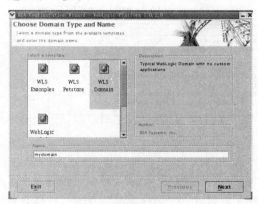

图 4-31

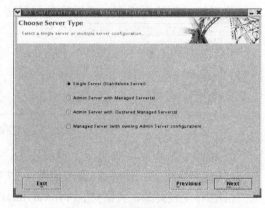

图 4-32

(9)选择域位置/usr/local/bea/user_projects/，如图 4-33 所示。点击"Next"，进入下一步。

(10)配置站点／管理服务器：给定服务器名称(myserver)，服务器监听地址(测试服务器 IP 地址：192.168.130.71)，监听端口号(80)，服务器 SSL 监听端口号(82)，如图 4-34 所示。点击"Next"，进入下一步。

图 4-33

图 4-34

(11)创建管理员用户：输入管理员名和口令，如图 4-35 所示。点击"Next"，进入下一步。

(12)安装程序示出给定的域配置数据汇总，点击"Create"，开始创建域。如图 4-36 所示。

(13)域创建完成之后，程序显示出"域配置成功"的信息，点击"Done"，继而点击"Exit"，成功结束 WebLogic7.0 安装程序。

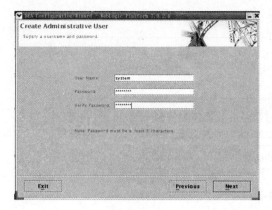
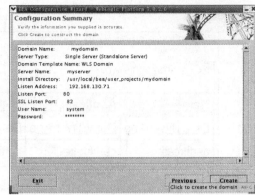

图 4-35   图 4-36

(二)WebLogic 的配置

(1)将 Web 应用程序 RiseNet6.0 的各子目录及程序文件拷贝到系统默认应用程序目录中，例如"/opt/defaultroot"。

(2)启动 WebLogic7.0 服务器：以 root 身份登录 Linux 系统，执行下列启动程序：

#cd /usr/local/bea/user_project/mydomain/

#. /startWebLogic.sh

(3)在 Web 浏览器地址栏中，输入下列 URL：http://[HostName]：[port]/console（"HostName"为 Web 服务器名称或 IP 地址，"port"为端口号)，进入 Web 服务器管理的登录介面，登录服务器(如管理员级用户为 system，口令为******)，如图 4-37 所示。

图 4-37

(4)登录之后，进入应用服务管理界面，如图 4-38 所示，点击"Web Applications"，进入应用程序配置。

(5)点击"Configure a new Web Application"，配置一个新的 Web 应用，如图 4-39 所示。

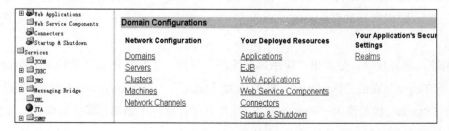

图 4-38

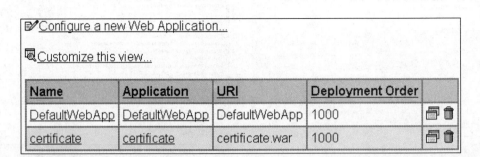

图 4-39

(6)在弹出的"Locate Applicatioin or Component to configure"的页面下部，选定应用程序目录(defaultroot)，点击该目录前的[select]，如图 4-40 所示，程序进入下一步。

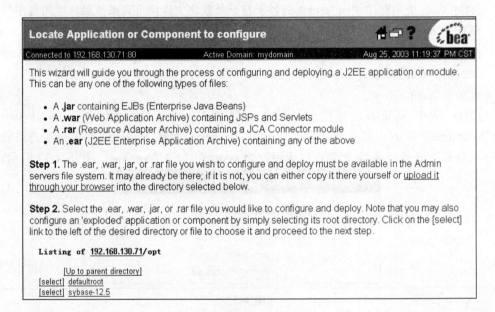

图 4-40

(7)程序进入"Step 3"～"Step 5"，如图 4-41 所示。在"Step 3"中，见到所选目录/opt/defaultroot，将欲部署的应用程序的服务器 myserver 选定为目标服务器；在"Step 4"中，输入应用程序的名称；在"Step 5"中，点击 Configure and Deploy，程序进入部署阶段。

(8)进入部署程序，显示出"应用部署编辑"界面。应用程序部署阶段，"Deployment Status by Target"表的"Deployed"栏的值为"false"，"Deployment Activity"表的应用程序的"Status"栏的值为"Running"，并且上部标题栏中的图标■一直在转，如图 4-42 所示。部署需要时间，等待程序执行完成。

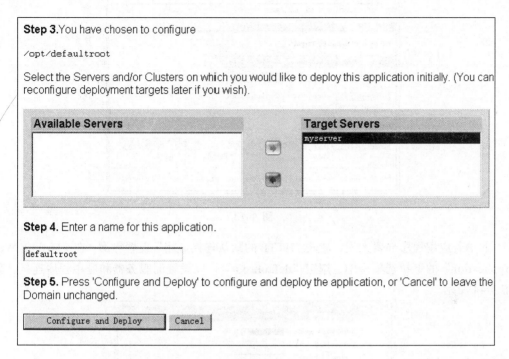

图 4-41

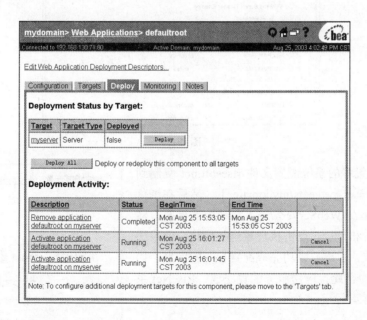

图 4-42

(9)应用程序部署完成之后，"应用部署编辑"界面的"Deployment Status by Target"表的"Deployed"栏的值变为"true"，"Deployment Activity"表的应用程序的"Status"栏的值变为"Completed"，并且转动的图标消失，如图 4-43 所示。

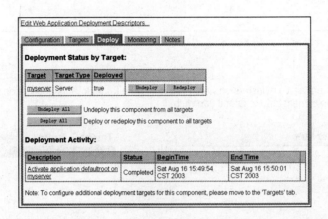

图 4-43

(10)若应用程序部署无误，进入"HTTP 的默认连接应用"设置界面。在"Default Web Application"的下拉选项框中，选定"defaultroot"，以设置的服务器和应用程序连接。如图 4-44 所示。

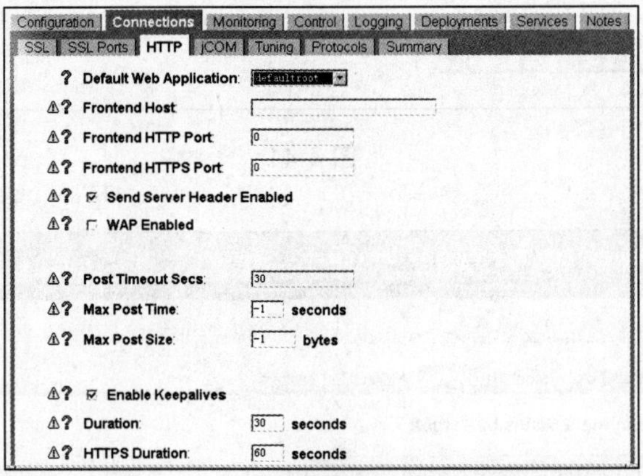

图 4-44

图 4-45

(11)将配置好的系统配置文件 risesoft.net 复制到 /usr/local/bea/user_projects/mydomain 下，然后在浏览器里输入 http://<WebServer>/进入自动配置界面，输入系统用户名和口令，点击执行系统初始化，待系统自动配置完成，示出"成功完成配置！"的信息，如图 4-45 所示。至此，应用服务配置完成，RiseNet 系统即可以正常运行了。

四、NDS 目录服务的管理与维护

(一)NDS 的安装
1. NDS 的安装
使用 NDS-install 实用程序，在 Linux 系统上安装 eDirectory 部件。该实用程序在用于

Linux 平台的光盘上的 Setup 目录中。该实用程序根据选择安装的部件在系统上添加必需的软件包。具体操作如下：

(1)在主机上，以根用户(root)身份登录；

(2)运行光盘上的 NDS 安装程序：/mnt/cdrom/NDS/Linux/setup/nds-install；

(3)选择前两个部件安装：(NOVELL eDirectory Server)、(NOVELL eDirectory Manager Utilitis)；

(4)等待程序完成，NDS 安装成功，程序出现如下界面(见图 4-46)；

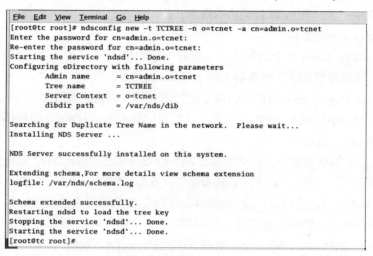

```
File  Edit  View  Terminal  Go  Help
[root@tc root]# ndsconfig new -t TCTREE -n o=tcnet -a cn=admin.o=tcnet
Enter the password for cn=admin.o=tcnet:
Re-enter the password for cn=admin.o=tcnet:
Starting the service 'ndsd'... Done.
Configuring eDirectory with following parameters
        Admin name       = cn=admin.o=tcnet
        Tree name        = TCTREE
        Server Context   = o=tcnet
        dibdir path      = /var/nds/dib

Searching for Duplicate Tree Name in the network.  Please wait...
Installing NDS Server ...

NDS Server successfully installed on this system.

Extending schema,For more details view schema extension
logfile: /var/nds/schema.log

Schema extended successfully.
Restarting ndsd to load the tree key
Stopping the service 'ndsd'... Done.
Starting the service 'ndsd'... Done.
[root@tc root]#
```

图 4-46

(5)为使用 LDAP 工具，添加如下环境变量：

PATH=$PATH:/usr/ldaptools/bin

MANPATH=$MANPATH:/usr/ldaptools/man

2．创建目录树

(1)运行程序：ndsconfig new

-t 树名(XLDJGJTREE)

-n 服务器环境名(o=XLDJGJNET)

-a 管理员名(cn=admin.o= XLDJGJNET)

例如：ndsconfig new -t XLDJGJTREE -n o= XLDJGJNET -a cn=admin.o= XLDJGJNET；

(2)按提示输入密码；

(3)等待创建完成，创建成功的提示出现。

3．数据恢复

运行程序：ndsbackup xvf xxxx.bak(xxxx.bak：备份文件名)；等待程序完成，恢复成功的提示出现。

4．数据备份

(1)运行程序：ndsbackup cvf 文件名 o=机构名，例如：ndsbackup cvf /win/xldjgjdata 200801208.bak o=小浪底建管局。若备份整个树，则 o=树名，若备份机构，则 o=机构名，

如上例。

(2)提示输入 admin 以及口令(管理员名必须带环境信息："admin.XLDJGJNET")。

(3)等待程序完成，备份成功的提示出现。

5. NDS 卸载

(1)删除/var/nds/目录下的所有文件；

(2)运行光盘下 NDS/linux/setup/nds-uninstall 脚本；

(3)按提示操作，选择要删除的选项；

(4)等待程序完成，NDS 卸载成功的提示出现。

(二)ConsoleOne 的安装

ConsoleOne 在 Linux-8 上的汉化不是很好，建议将 ConsoleOne-1.3 安装在 Windows 操作系统上，远程控制 Linux 服务器上的 eDirectory-8.6.2。

ConsoleOne 是基于 Java 的程序，需要运行时环境。因此，首先要在 Windows 操作系统上安装一个 Novell Client，即客户程序。然后再安装 ConsoleOne 安装程序，操作如下。

1. Novell Client 的安装

运行 Novell Client 安装程序：NDS\edir_862_full\nt\I386\setupnw.exe；选择安装语言：中文；选择安装第一项，如图 4-47 所示；选择自定义安装，如图 4-48 所示；在选择要安装的部件中，除第一项外，其他选项都不选，如图 4-49 所示；在选择网络协议选项时，只安装 IP 协议，如图 4-50 所示；登录鉴定器时，选择第一项，如图 4-51 所示；指定许可文件路径 nds\NDSLicense，如图 4-52 所示；第一阶段 Novell Client 安装完成，需要重新启动机器。

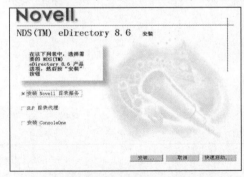

图 4-47

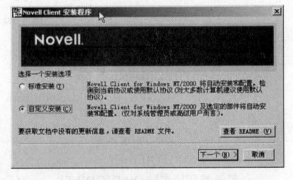

图 4-48

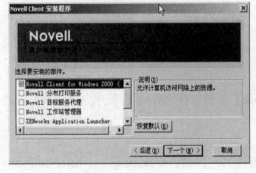

图 4-49

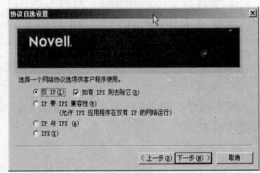

图 4-50

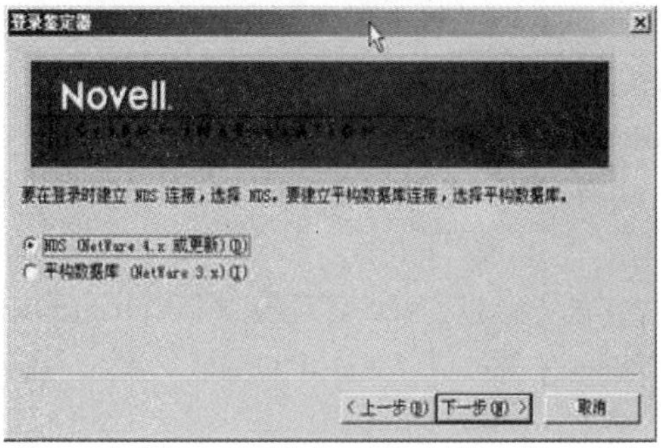

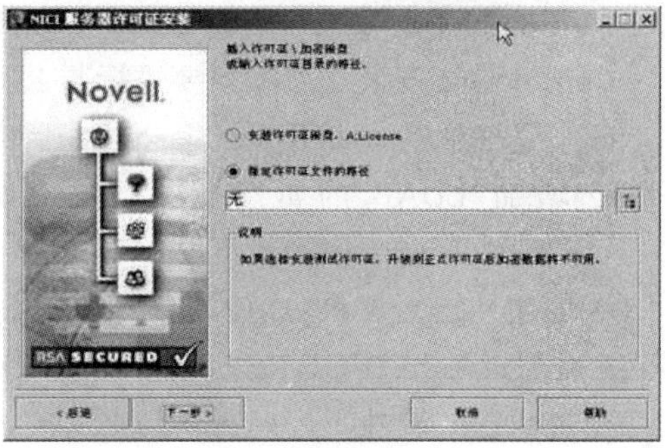

图 4-51　　图 4-52

2. ConsoleOne 的安装

重启机器后，开始安装 ConsoleOne，运行如下程序：NDS\RiseConsole1.3\install.exe；选择安装中文，如图 4-53 所示；指定 NDS 安装目的路径，如图 4-54 所示；选择安装的部件，全部选定，如图 4-55 所示；接受许可协议，如图 4-56 所示；显示要安装的产品，点击“完成”，结束安装；至此，ConsoleOne 的安装工作全部结束。

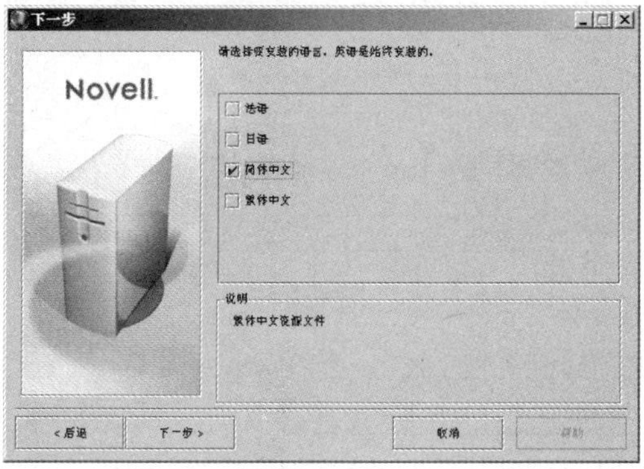

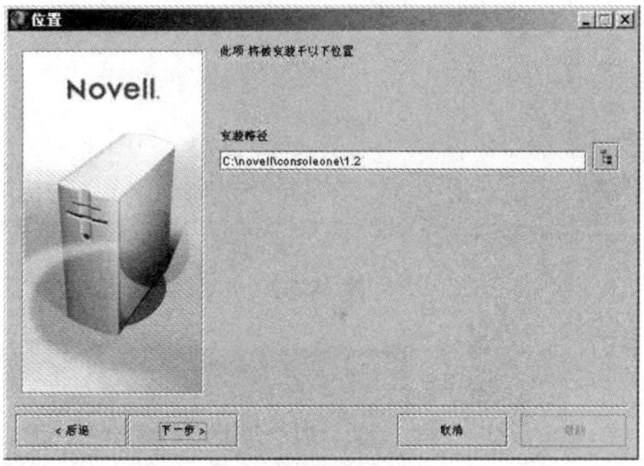

图 4-53　　图 4-54

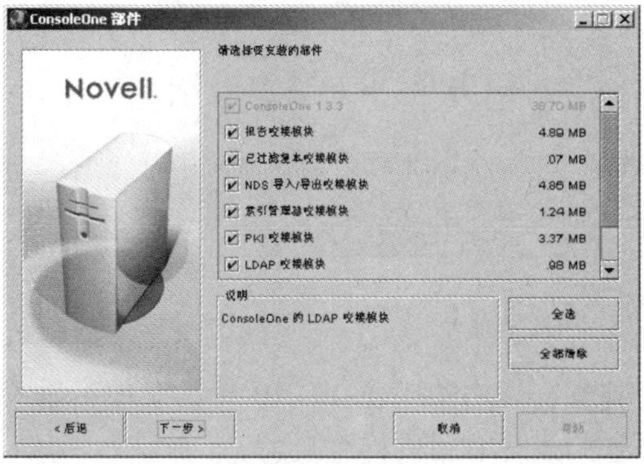

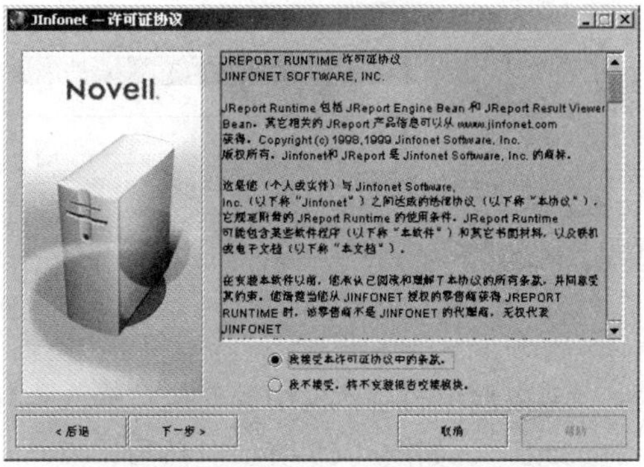

图 4-55　　图 4-56

3. ConsoleOne 安装后的设置

ConsoleOne 安装之后，需要进行与 RiseNet6.0 相关的设置：

(1)将为 RiseNet6.0 开发的 jar 包加到 ConsoleOne 程序中。

(2)增加 LDAP 的属性扩展。操作如下：将 RisePlatFormLib.jar 文件包拷贝到 ConsoleOne/1.2/snapins/目录下。

(3)增加 NDS 对象和 LDAP 对象的对应关系,操作如下:启动 NDS 管理控制器 ConsoleOne,连接系统目录树 XLDJGJTREE，并展开 XLDJGJNET；右键点击"LDAP Group－tc"，在弹出菜单上点击"属性"，如图 4-57 所示。

(4)在弹出的属性页面上，选定"特性映射 LDAP 组特性映射"页面，如图 4-58 所示。点击"添加"，弹出"特性映射"选项框，在左边"NDS 特性"列表中，选定"修改"，如图 4-59 所示。

图 4-57

图 4-58

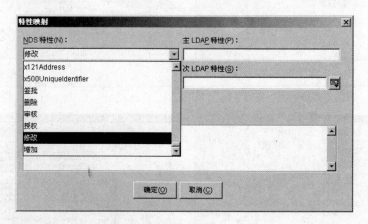

图 4-59

(5)在弹出的对话框中，对应"修改"NDS 特性，在右边"主 LDAP 特性"中，添入"update"，如图 4-60 所示。然后，点击"确定"，以增加该特性映射。

重复上述步骤，逐项添加映射对象："修改"对"update"、"删除"对"delete"、"增加"对"add"、"审核"对"auditing"、"授权"对"assignright"、"签批"对"authorize"。

· 48 ·

添加完成之后，LDAP 组特性映射如图 4-61 所示。

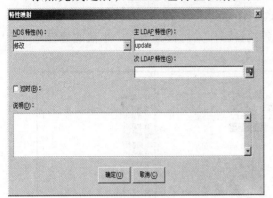
图 4-60

图 4-61

(三)NDS 的管理与维护

1. 小浪底建管局 NDS 目录树结构

小浪底建管局数字化办公系统涉及全局的部门和工作人员，同时涉及所有服务项目。小浪底建管局机构层次多，人员多，项目多，是一个比较繁杂的系统。小浪底建管局数字化办公系统 NDS 目录服务是处理这种复杂环境的软件平台，以此平台实现对部门、人员、项目的管理、人员的职责分工和权限控制，以及系统的安全保障。

NDS 目录服务基本术语包括：

(1)树。用户在安装 NDS 建立的分区名称，也称树名，一般用英文或汉语拼音缩写(不能使用中文)，例如，小浪底建管局树名为 XLDJGJTREE。

(2)环境。新建的 NDS 的运行环境，包括服务器、运行协议、组织机构等信息。小浪底建管局办公系统 NDS 环境为 XLDJGJNET。管理员登录时，要包括环境信息，例如，小浪底建管局办公系统 NDS 的管理员登录为 admin.XLDJGJNET。

(3)对象。NDS 目录服务系统中建立的所有元素都是对象，包括"组织单元"、"用户"、"应用服务"等，甚至最初建立的"树"都是对象。

在小浪底建管局数字化办公系统 NDS 目录树中，"XLDJGJTREE"是在安装 NDS 时指定的树的名称，也是根级的目录，代表整个小浪底建管局数字化办公系统。其下的"XLDJGJNET"(只需要指定名称)和"Security"是 NDS 默认生成的。在"XLDJGJNET"中，包含有 NDS 的超级管理员 admin(整个 XLDJGJTREE 树的管理员)。

一般情况下，用户的树可以建在 XLDJGJNET 下，但为了清晰起见，单独创建了"小浪底建管局"这个"组织单元"。小浪底建管局的所有机构、人员，以及服务项目都在这个树枝中，并在平台的配置中指定"组织入口"为"o=小浪底建管局"，服务项目的入口为"rsn=服务项目·o=小浪底建管局"。"小浪底建管局"这个组织是手工添加的"组织"，其下的所有树枝(部门)及叶节点(用户)都可以手工添加。

按照小浪底建管局的部门设置层次建立了各部门的"组织单元"，每个"组织单元"对应一个具体的部门。"小浪底建管局"这个组织单元是小浪底建管局用户树的根，必须首先创建。其他"组织单位"即部门的创建是完全按照小浪底建管局的部门设置进行的。

在创建了所有的部门后，即可把相应的人员添加到各部门中。这些工作完成后就形成了目前的 NDS 目录树形结构图，小浪底建管局数字化办公系统 NDS 目录树如图 4-62 所示。

小浪底建管局所有机构、人员，以及服务项目都作为树枝分布在"小浪底建管局"大树枝下。图 4-63 为展开的建管局树枝。

图 4-62

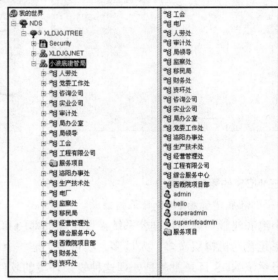
图 4-63

图 4-64 为系统服务项目树枝展开图。

图 4-64

2. NDS 目录服务的常用操作

1)登录 NDS 管理控制台

(1)打开 NDS 平台管理控制台 ConsoleOne，出现如下登录界面(见图 4-65)。正确添入管理员名和口令，进入 NDS 管理控制界面。

(2)登录之后，控制台显示出建立好的小浪底建管局办公系统的 NDS 目录树。以此界面(见图 4-66)进行对象的建立、属性编辑、删除，以及人员权限的设置等操作。

图 4-65

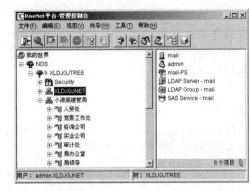

图 4-66

2)组织单元的建立和删除

(1)组织单元的建立。

在 NDS 目录服务中，可以建立任何级别的组织单元。但是，组织单元是逐级建立的，必须先建立了上级单元，才能建立其下层的机构。比如，要建立一个"科室"，先选择所在处室，再建立具体的科室。下面以建立一个具体的科室为例，说明组织单元的建立过程。

在 ConsoleOne 管理控制台上(见图 4-67)，右键点击"审计处"，在弹出菜单中选择"新建"→"组织单元"。

在弹出的对话框中，组织单元名添入科室名，如"办公室"。然后，点击"确定"，以建立新的部门，如图 4-68 所示。

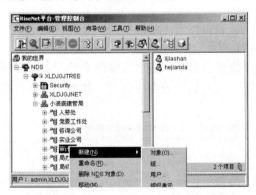

图 4-67

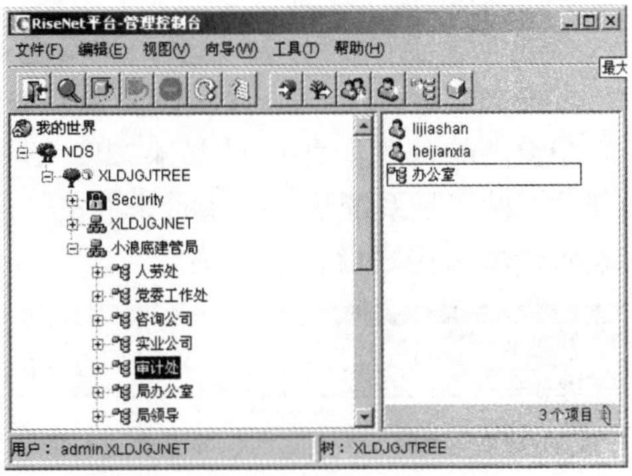

图 4-68

查看审计处目录，"办公室"出现在该树枝下，说明该对象已建立好。

(2)组织单元的删除。

右键点击要删除的组织单元的名称，例如"办公室"。在弹出菜单上，点击"删除 NDS 对象"。弹出删除确认框，点击"是"，删除该组织单元。删除之后，再查阅审计处目录，就看不到删除的组织单元了。

3)用户的建立和删除

(1)用户的建立及属性设置。

要建立一个用户，首先要确定该用户的所属部门，并且该部门对应的"组织单元"已经在目录树中建立。下面以建立信息中心主任为例，说明用户的建立过程。

在 ConsoleOne 管理控制台上，右键点击"信息中心"，在弹出菜单中选择"新建"→"用户"，如图 4-69 所示。

在弹出对话框中(见图 4-70)，添入"名"(姓用汉语全拼，名用汉语拼音首字符)，添入姓(汉字)，并选定"指派 NDSW 口令"和"创建过程中提示"。其中"唯一 ID"由程序自动按名生成，并成为用户的系统登录名。然后，按"确定"。

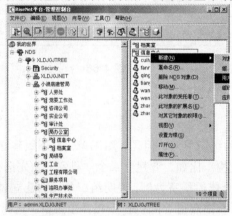

图 4-69

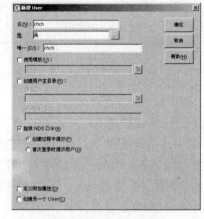

图 4-70

在弹出对话框中，添入新口令(口令默认设置字符与登录名相同，用户可以更改自己的口令)。然后，按"设置口令"。

点击"信息中心"，右框会出现新建的用户。右键点击"新建用户"，在弹出对话框中，点击"属性"，以进行属性设置，如图 4-71 所示。

在弹出的属性页面中(见图 4-72)，填写用户信息，其中"全名"用汉字添写，以方便识别；"姓"是系统从上一步带来的；"职务"、"电话"等也应填写。其他用户信息酌情添入。填写完之后，按"确定"。

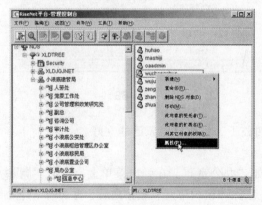

图 4-71

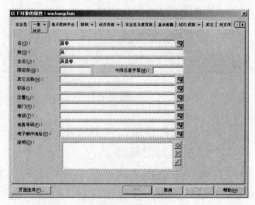

图 4-72

(2)用户的删除。

右键点击要删除的用户的名称。在弹出菜单上，点击"删除 NDS 对象"。如图 4-73 所示。

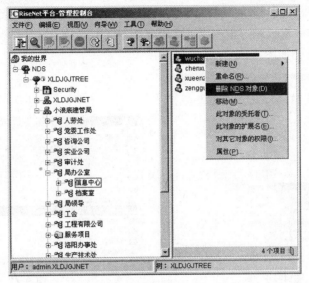

图 4-73

弹出删除确认框，点击"是"，删除该用户。删除之后，再查阅该组织单元的用户列表，就看不到该用户了。

4)NDS 中两个重要对象

NDS 目录服务中，还有其他对象，其中两个最常用的是"角色"和"组"。这两个对象都是一些具有共同特性的成员的集合。建立这样的对象，便于对它们进行统一的设置和管理。

"角色"和"组"都是对象容器，容器中的所有对象自动继承对象容器所拥有的属性。对于不属同一个部门而拥有相同权限的用户集合，组建成"角色"或"组"，避免对每个用户对象进行单独授权，可以大大简化操作。

"角色"和"组"的区别如下。"角色"：一般是由分属不同组织单元(部门)具有不同的职责，而具有相同级别和权限的用户集合。例如，"处长"角色，分属不同的处，而具有相同的级别。"组"：一般是由分属不同组织单元(部门)具有不同的职责，而具有共同的任务和权限的用户集合。例如，"资产采购小组"，可能由建管局领导、财务处、计划处、技术处中的各类人员组成。成员来自不同的部门，但具有共同的任务。

(1)"角色"的建立与删除。

a.新建"角色"的操作

在"审计处"组织单元中，建立"处长"角色的操作如下。在 ConsoleOne 管理控制台上，右键点击"审计处"，在弹出菜单中选择"新建"→"对象"，如图 4-74 所示。在弹出的"新对象"对话框中，选定"organizational Role(角色)"，如图 4-75 所示。然后，按"确定"。在弹出对话框中(见图 4-76)，在"名"一栏，添入"处长"。然后，按"确定"。查看"审计处"目录，就看到建立的新角色(处长)的图标了，如图 4-77 所示。为角色添加占有者：右键点击审计处列表中的"处长"，在出现的下拉菜单中，点击"属性"，如图 4-78 所示。在弹出对话框中(见图 4-79)，点击"占有者"一栏右边的对象选择按钮，以便添加角色成员。在弹出对话框中(见图 4-80)，点击要添加的占有者所属部门，以便查找角色成员。在弹出对话框中(见图 4-81)，选定要添加的"占有者"名称，点击确定，添加角色成员的操作完成。添加角色成员完成之后，点击"安全性与我等效"页面，会看到新添加的角色成员，如图 4-82 所示。

图 4-74 　　　　　　　　　　　　　　　　　　　　图 4-75

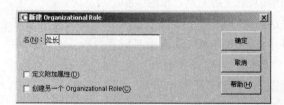

图 4-76 　　　　　　　　　　　　　　　　　　　　图 4-77

　　　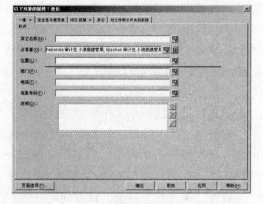

图 4-78 　　　　　　　　　　　　　　　　　　　　图 4-79

图 4-80   图 4-81

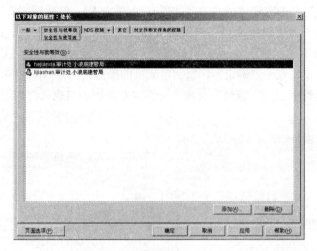

图 4-82

b. "角色"的删除

在"审计处"组织单元中，删除"处长"角色的操作如下。在"审计处"成员列表中，右键点击"处长"角色，在弹出菜单中选择"删除 NDS 对象"，如图 4-83 所示。弹出删除确认框，点击"是"，删除该角色。删除之后，再查阅该组织单元的成员列表，就看不到该角色了。

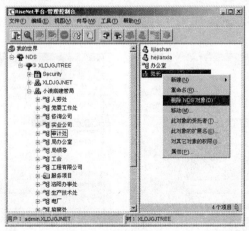

图 4-83

(2)"组"的建立与删除。

a.新建"组"的操作

在"小浪底建管局"组织单元中，建立"局办公室"组的操作如下。在 ConsoleOne 管理控制台上，右键点击"小浪底建管局"，在弹出菜单中选择"新建"→"组"，如图 4-84 所示。在弹出的"新建 Group"对话框中，在"名"一栏，添入"局办公室"。然后，按"确定"。为组添加负责人和成员：右键点击"小浪底建管局"成员列表中的"局办公室"组，在出现的下拉菜单中，点击"属性"。弹出"组属性"页面，如图 4-85 所示。在属性页的"一般标识"页中，点击"拥有者"一栏右边的对象选择按钮 ，弹出"选择对象"界面，如图 4-86 所示。在此界面上选定组负责人所在部门。然后按"确定"。在弹出对话框中(见图 4-87)，选定新建的"组"的拥有者(负责人)。然后按"确定"。此时，"组"的负责人设置完成。为组设置成员：进入属性页的"成员"页面，点击"添加"，弹出"选择对象"界面，如图 4-87 所示。点击所加成员的部门，进入下一步。在弹出对话框中，选定要添加的"成员"，点击"确定"，添加组成员的操作完成，如图 4-88 所示。添加组成员完成之后，点击属性页面的"成员"页面，会看到新添加的组成员，如图 4-89 所示。

图 4-84

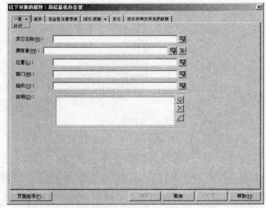

图 4-85

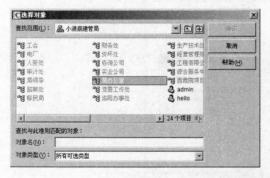

图 4-86

图 4-87

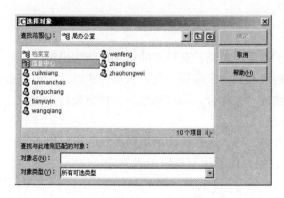

图 4-88   图 4-89

　　b. "组"的删除

　　在"小浪底建管局"组织单元中,删除"局办公室"组的操作如下。在"小浪底建管局"成员列表中,右键点击"局办公室"组,在弹出菜单中选择"删除 NDS 对象",如图 4-90 所示。弹出删除确认框,点击"是",删除该组。删除之后,再查阅"小浪底建管局"的成员列表,就看不到该组了。

图 4-90

(四)NDS 授权管理

1. 权限管理策略

　　小浪底建管局数字化办公系统是为小浪底建管局各级工作人员提供服务的平台,涉及所有的部门和人员,各个部门和各类人员的责任和义务各不相同。因此,对应用项目的分级管理和权限控制是必不可少的。根据小浪底建管局的实际情况,权限管理策略从以下两个方面考虑。

1)人员管理

(1)对相同级别的人员按"角色"管理。

小浪底建管局是从建管局领导开始，下辖二级单位，至科室的层次性结构组织，在每个层中的工作人员对信息资源，都有不同的读写权限。因而，我们采用"角色"，把分布在不同部门，而级别或权限相同是人员组建成一个集合，即"角色"，以方便统一授权。

(2)对具有相同任务的人员按"组"管理。

建管局有很多挂牌机构，比如"局办公室"等。这些机构由不同类别的人员组成，但具有共同的任务。用"组"的方法，表示它们，便于读写权限的设置。

2)栏目权限管理

小浪底建管局数字化办公平台上的各服务栏目是针对不同部门和不同人员的工作需要设计的办公应用。同时，由于各类人员的岗位和职责不同，所处理的工作也不相同。因此，需要对用户进行授权管理。

授权既可以通过"组织单元"、"角色"或"组"，一次给大量的用户授权，也可以对单独的栏目和个体的成员独立授权，方便灵活。

(1)栏目浏览——减法授权。

小浪底建管局数字化办公平台中的应用服务栏目绝大部分内容是供所有人浏览的。但有些栏目只供相应的人员浏览。因此，栏目浏览的授权策略是首先给所有人员赋予所有栏目的浏览权限，而对只供领导浏览的栏目再做针对性的控制。

(2)栏目维护——个别授权。

对于各个栏目的维护更新是由专门的维护人员进行的，而这些人员散布在各个科室中，称为信息维护员，每个人只针对某个具体栏目进行维护。因而无法对这些人员进行归类，只能根据栏目进行针对性的设置。

2. RiseNet 浏览权限的管理

小浪底建管局数字化办公平台各栏目及小浪底建管局工作人员权限的管理是整个系统的核心，方便、有效的权限管理是保证整个系统运行的前提，权限管理通过 Risenet 平台管理器——ConsoleOne 来完成。

1)授予根栏目(服务项目)以所有用户的读权限

同 NDS 目录服务系统的组织单元一样，NDS 目录服务系统的服务项目(栏目)为树形结构，当对某栏目设置了属性之后，缺省情况下，其子节点(子栏目)自动继承父节点的属性设置。

因为绝大部分栏目对绝大部门人都是开放的，为了权限设置的简便，我们用"减法"设置栏目浏览权限，方法是：先将整个服务项目为所有的人授予"浏览"授权，再将个别只供某部分用户专阅的栏目过滤掉。操作方法如下：

(1)启动 NDS 管理控制器 ConsoleOne，并连接 NDS 服务器，登录到小浪底建管局数字化办公目录树 XLDJGJTREE 上。

(2)展开目录树的"小浪底建管局"，右键点击"服务项目"。在弹出菜单中，选择"属性"→"NDS 权限"→"此对象的受托者"，如图 4-91 所示。

(3)在弹出的属性框中，点击"添加受托者"，如图 4-92 所示。

(4)弹出"选择对象"对话框，在框中选定"小浪底建管局"，以便为全体人员赋予"浏览"权限，如图 4-93 所示。然后按"确定"。

(5)弹出"指派至选定对象的权限"对话框，如图 4-94 所示。选定框中的[Entry Rights]，在右边的框中选择"浏览"。

图 4-91

图 4-92

图 4-93

图 4-94

(6)再选定框中的[All Attributes Rights]，如图 4-95 所示。在右边的框中选择"读"和"比较"，然后按"确定"。

因为系统所有用户都在"小浪底建管局"树枝下，所以，现在系统中所有的人都有浏览服务项目的权限。这时，服务项目的受托者列表中出现了"小浪底建管局"，如图 4-96 所示。

2)对某些栏目浏览权限的控制

在数字化办公系统中，某些栏目只供给一部分人浏览。这时，就需要对这些栏目进行浏览权限控制。从上一节我们知道，目前，系统所有服务项目对所有的人员都开放了浏览的权限。因此，对欲控制其浏览限制的项目首先要屏蔽从上级继承来的浏览权限，然后，再对某些人开放浏览权限，这就是"减法"设置栏目浏览权限的方法。具体操作如下。

图 4-95

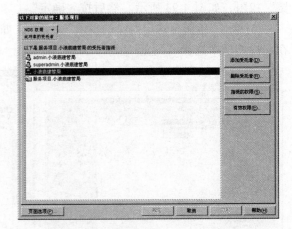

图 4-96

下面以"会议管理"栏目为例,说明限制浏览权限的操作程序。

(1)在 ConsoleOne 管理控制器的目录树中,右击"会议管理"栏目,在弹出菜单中,点击"属性",如图 4-97 所示。

(2)在弹出的属性页面中,选择"NDS 权限"→"继承权过滤器",如图 4-98 所示。

图 4-97

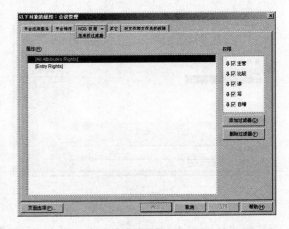

图 4-98

(3)点击添加过滤器,在弹出的"添加属性"框中,将[All Attributes Rights]和[Entry Rights]两项加入属性页中。

(4)在属性页面的左框中,选中[All Attributes Rights],相应清除右边的框中所有权限选择,如图 4-99 所示;再选中[Entry Rights],相应清除右边的框中除"主管"外的所有权限(浏览、创建、重命名、删除)。然后按"确定"。

至此,"会议管理"栏目,对除系统管理员以外的所有用户都是屏蔽的。下面继续阐述该栏目对部分人员开放浏览权限的操作程序。

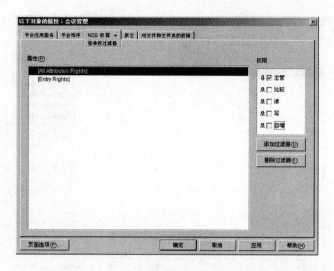

图 4-99

(5)在"会议管理"栏目的属性页面中,选择"NDS 权限"→"此对象的受托者",如图 4-100 所示。

(6)点击添加受托者,在弹出的"选择对象"框中,选择该栏目的浏览者,例如"小浪底建管局"。然后,点击"确定"。

(7)在弹出的"指派至选定对象的权限"页面的左框中,选中[Entry Rights],并清除右框中除"浏览"外的所有权限;再选中[All Attributes Rights],并选中"比较"和"读";同时选中"可继承",如图 4-101 所示。

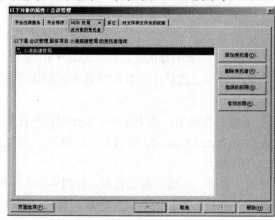

图 4-100

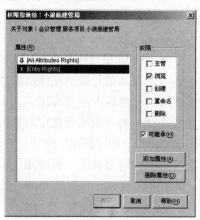

图 4-101

(8)此时,在该栏目的属性页的"受托者指派"表中,出现了组织单元"小浪底建管局",如图 4-102 所示。按确定,以保存设置。至此,"会议管理"栏目对"小浪底建管局"开放了"浏览"权限。

重复上述步骤,以增加其他组织单元,以及组、角色等用户对象,对"会议管理"栏目的"浏览"权限。

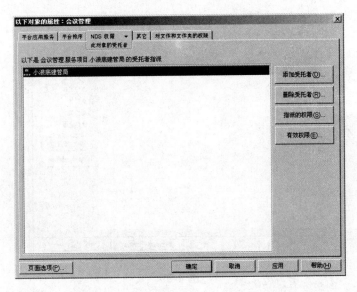

图 4-102

3. RiseNet 维护权限的管理

每个应用服务栏目都需要人员维护，比如，信息的更新、参数的设定、格式的定制等。各个栏目维护是由专人负责的，也就是说，要为每个栏目指定维护人员。这种为栏目指定维护人员的工作，就是栏目维护权限的设定。

下面以"会议管理"栏目的维护权限的设定为例，说明栏目维护权限设定的操作过程。例如，设定用户"zhangling.局办公室.小浪底建管局"为"会议管理"栏目的维护人员，操作方法如下。

(1)在 ConsoleOne 管理控制器的目录树中，右击"会议管理"栏目，在弹出菜单中，点击"属性"。在弹出的属性页面中，选定"NDS 权限"→"此对象的受托者"，如图 4-103 所示。

(2)点击添加受托者，在弹出的"选择对象"框中，选择该栏目的浏览者，例如"小浪底建管局"。然后点击"确定"。

(3)在弹出的"指派至选定对象的权限"页面的左框中，选中[Entry Rights]，并在右框中选定"浏览"和"创建"两项；再选中[All Attributes Rights]，并选中"比较"、"读"、"写"三项；同时选中"可继承"，如图 4-104 所示。

(4)此时，在该栏目属性页的"受托者指派"表中，多出一条受托者，如图 4-105 所示。按"确定"，以保存设置。至此，"会议管理"栏目的维护人员设定完成。这样，当该用户登录办公系统的"会议管理"栏目时，页面上就会出现"维护"和"新增"操作按钮，以便进行该栏目的信息的更新或增加。

(五)工作流定义使用说明

工作流定制工具是综合数字化办公平台公文管理系统的后台程序，用于预先定义公文流转的各项参数，以便公文管理系统能够模拟公文的实际运转，实现网上办公的目的。掌握本工具，需要具有一定的 html 编写能力和数据库管理的基础知识。

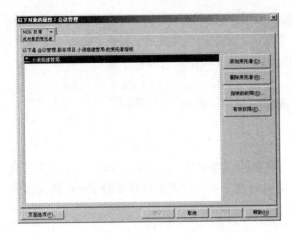

图 4-103

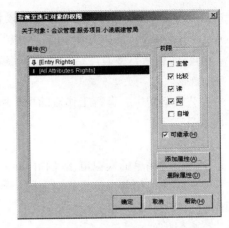

图 4-104

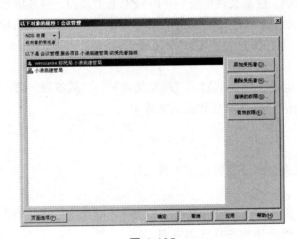

图 4-105

1. 术语说明

1)系统数据表

系统数据表是 Rise Office 5.5 工作流引擎使用的数据库表,在系统设计时就设计好了,无须用户参与设计。例如,工作流人员表(RiseNet_Employee)、工作流定义表(Office_WorkflowDefine)、处理意见表(Office_WorkflowComment)等。

2)用户数据表

用户表用于存储用户的数据,在用户定制工作流时,由用户设计。用户表分为主表、细表、参照表、处理意见类型表。

(1)主表。表中的每一字段存储某个工作流实例的一项数据,每项数据在工作流的整个生命周期中可以被修改,但总是存储在一行上的。这样将来可以利用关系型数据库进行复杂的查询统计功能。一个主表必须包含 WorkflowInstance_GUID 字段。

(2)细表。表中包含 WorkflowInstance_GUID 和 ROW_GUID 字段,通过 WorkflowInstance_GUID 字段和主表建立多对一的关系。细表的工作流实例数据存储在不同的行上,以便补充主表字段的信息。

(3)参照表。为主表和细表中的字段作参考用，它不包含 WorkflowInstance_GUID 和 ROW_GUID 字段。例如主表中的"密级"字段，可能的选项为普通、秘密、机密、绝密等。

(4)处理意见类型表。结构类似于细表，专门用于储存公文流转中角色的处理意见。

3)角色

在公文运转中，运行工作流的用户所充任的身份，例如，"拟稿人"、"审批人"、"收发员"等。

4)主表单

文件传输稿单的模拟电子文档(.html)，例如，"收文单"、"发文稿纸"、"文件查询单"等。表单的各个信息栏对应同一数据表的各个字段，表单信息通过 Form 提交给数据库。

5)混合表单

混合表单同主表单，也是文件传输稿单的模拟电子文档，但其信息栏对应不同数据表的字段，因此称为混合表单。例如，文件签发单中，领导批示信息对应"处理意见表"，而其他信息对应一个"主表"。

6)模板

正式文件的模拟电子文档，例如，"局发文件"、"局签报"等。通过书签，文件模板将文件传输单中的信息自动填写到正式文件中。

2. 创建工作流

1)准备工作

在定义新的工作流之前，要做如下准备工作：

(1)需求调研。

调研公文运转的实际情况，包括角色及其任务，以及角色涉及的人员、公文流程、各环节的任务和动作、纸介质文件样式等资料。

(2)创建表单。

根据实际纸介质文件传输单或稿纸，用标准的 html 语言，编写相应的 html 文件，表单利用输入控件(表单元素)和 Form，提交表单信息。表单一般形式为收、发文单，查询表单等。

(3)创建数据表。

根据表单上的表单元素，在数据库用户表中，创建数据库"主表"(建议数据库字段名称与表单输入控件同名)。除与表单元素对应的字段外，主表还必须包含 WorkflowInstance_GUID 字段，数据类型为 VarChar(38)，属性为 uniqueidentifier。除主表外，根据需要，创建主表、细表、意见表等。

(4)创建模板。

仿照正式文件，使用 Microsoft Word®，编辑正文工作模版，并在其中定义相应的书签，以便自动填入必要的文件信息，如文号、主题词、标题等。

2)工作流定义工具

工作流定义工具是一个 B/S 结构的 Java 程序，赋予了权限的用户可以在本机浏览器上方便地使用它，进行工作流的定义。

登录进入综合数字化办公平台系统，拥有管理工作流权限的用户(一般为系统管理员

admin)，首页上会出现"工作流定义"栏目。点击该栏目，即可进入工作流管理界面。

3. 工作流定义

1)启动创建新流程

进入工作流管理界面之后，点击右键，出现"新建/打开工作流"，选择"新建工作流"，如图 4-106 所示，输入新工作流的名称，点击"确定"，进入定制界面。

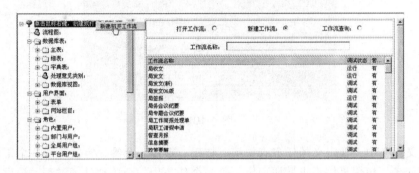

图 4-106

2)定制流程

右键点击左侧目录树中的"流程图"，选择"生成工作流程图"，以增加工作流程图，或"修改工作流程图"，如图 4-107 所示。

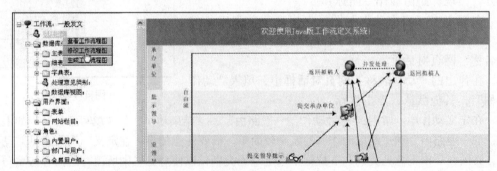

图 4-107

流程定义，就是根据公文流转的具体业务调研，确定流程的三要素，即任务、动作、路由，以及它们之间的互相关系，流程的定制方法如下。

(1)任务定义。

在工作流程图框中，点击右键，在弹出的菜单中，选择"新建任务"，出现"任务 1"图标。右键点击图标，出现"任务属性"，如图 4-108 所示。

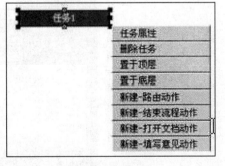

图 4-108

在弹出的"任务名称"网页对话框中(见图 4-109)，填入"任务名称"，选定是否为起始任务、缺省表格、缺省模板，以及是否允许委托、协商、抄送等选项。填完之后，点击"保存"。

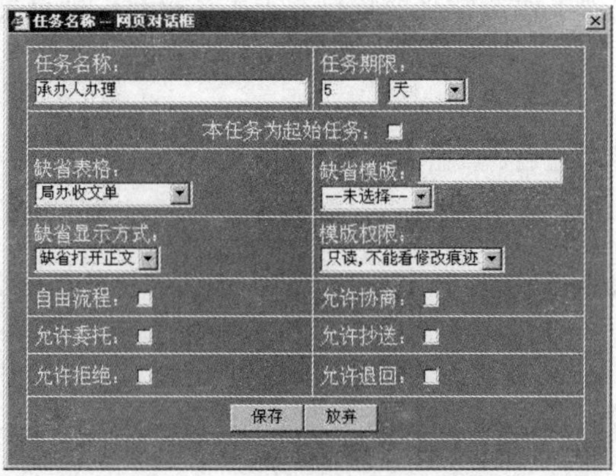

图 4-109

在定义任务中，常定义的任务有拟稿、核稿、审稿、会签、审批等。一个工作流需要定义哪些任务，根据具体需求调研而定。每一个任务为一个单独处理过程，最后由路由将它们联系起来，形成一个有机的整体。

(2)动作定义。

在工作流程图框中的任务图标上，点击右键，在弹出的菜单中，选择"新建路由动作"，在紧靠任务图标下方，出现"路由动作"图标。

右键点击"路由动作"图标，出现菜单列表，如图 4-110。选定并点击菜单的"动作属性"。弹出"动作名称"网页对话框。

在弹出的"动作名称"网页对话框中，填入"动作名称"，其他默认，点击保存。

图 4-110

在定义动作中，常用到 3 种动作"一般路由"、"结束动作"、"填写意见"。如上所见，"一般路由"和"结束动作"的定义较简单。需要注意的是：在定义"填写意见"动作时，必须在"审批意见类别"下拉框中选定意见类别，以使意见栏中所填写的内容与填写人准确对应，如图 4-111 所示。

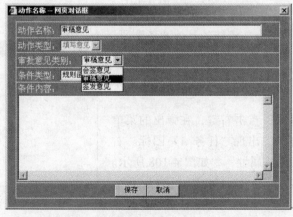

图 4-111

(3)路由定义。

在两个任务之间建立路由，以发出信息流的任务的路由动作(如"提交")为起点，以接收信息流的任务(如"审稿")为终点，拉动鼠标，画出路由线路。右键点击该线路，弹出菜单列表，如图4-112所示。

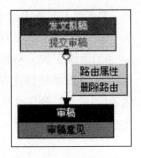

图 4-112

在菜单列表上，选定并点击菜单的"路由属性"。弹出路由标题网页对话框。在路由标题网页对话框中，填写"路由标题"、"路由类型"(暂选"单人")，以及根据具体情况选定是否"允许反向路由"，其他默认，最后点击"保存"。如图4-113所示。

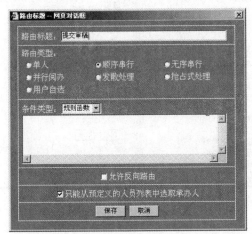

图 4-113

依此，在各个任务之间，逐个将所有任务用路由线路联系起来。以完成整个流程图的定义。

(4)保存流程图。

工作流程图编辑完成之后，点击工作区下部的保存流程图，以保存工作成果。否则，前功尽弃。绘制好的流程如图4-114所示。

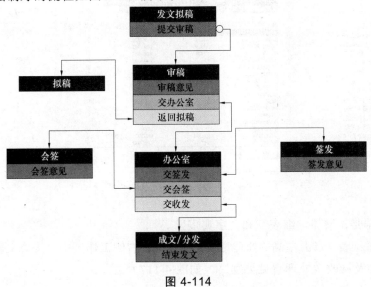

图 4-114

3)定制数据库表

数据库表包括主表、细表、字典表、处理意见表等，根据需要确定使用哪些表。

(1)定制主表。右键点击左侧目录树中"数据库"栏目里的"主表"，选定菜单中"增加主表"(以增加预先在数据库中创建的"主表"，如果直接创建数据库表，则选定"创建主表")。在右侧工作区数据库列表中，选定"数据表"，点击"确定"，以确定该工作流主表。如图 4-115 所示。

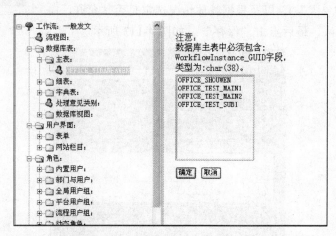

图 4-115

右键点击左栏中加入的主表，选定弹出菜单的"设置字段的中文名、缺省值等属性"。在右侧属性设置表中，设置主表各字段的中文名，以及缺省值等属性。如图 4-116 所示。

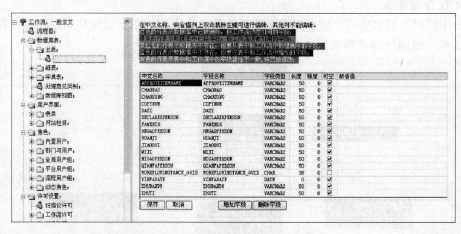

图 4-116

(2)如果需要，增加"细表"和"字典表"。

(3)处理意见表。点击左侧"处理意见类别"，在右侧工作区中，按公文表单的各签署意见栏，增加及修改"处理意见类别"。如图 4-117 所示。

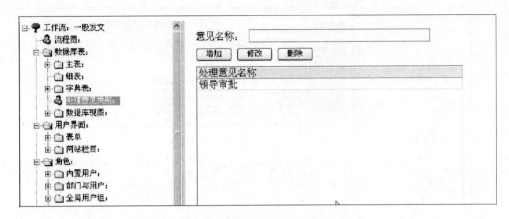

图 4-117

4)定制用户界面

用户界面包括定制表单和定制文件箱。

(1)定制表单。

表单就是用标准的 html 语言编写的，带有输入控件和提交功能的，模拟文件传输单或发文稿纸格式的页面。现在，假设已经根据需求，准备好了表单，具体定制方法如下。

右键点击左侧目录树中的"表单"栏目，以增加查询用的查询主表单和录入信息用的混合表单。首先增加混合表单，如图 4-118 所示。

注意：表单输入控件名最好与数据库表中的字段一样，以方便设置表单元素与数据库字段的对应关系。

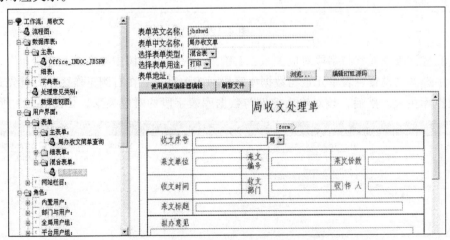

图 4-118

设置表单元素与字段对应关系：右键点击左侧目录树中导入的"混合表单"，在弹出菜单中选择"设置表单元素与数据库字段对应关系"。在右侧工作区中，首先选定对应的数据库主表。然后，核对输入控件与数据库表字段的对应关系。同时检查多行文本元素(textarea)与处理意见的对应关系，并定制意见格式，如图 4-119 所示。

图 4-119

增加查询用的查询主表单，如图 4-120 所示。

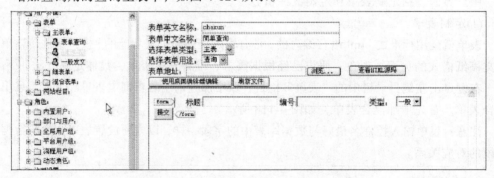

图 4-120

设置查询表单元素与字段对应关系：右键点击左侧目录树中导入的"主表单"，在弹出菜单中选择"设置主表单元素与数据库字段对应关系"。在右侧工作区中，首先选定对应的数据库主表。然后，核对输入控件与数据库表字段的对应关系，如图 4-121 所示。

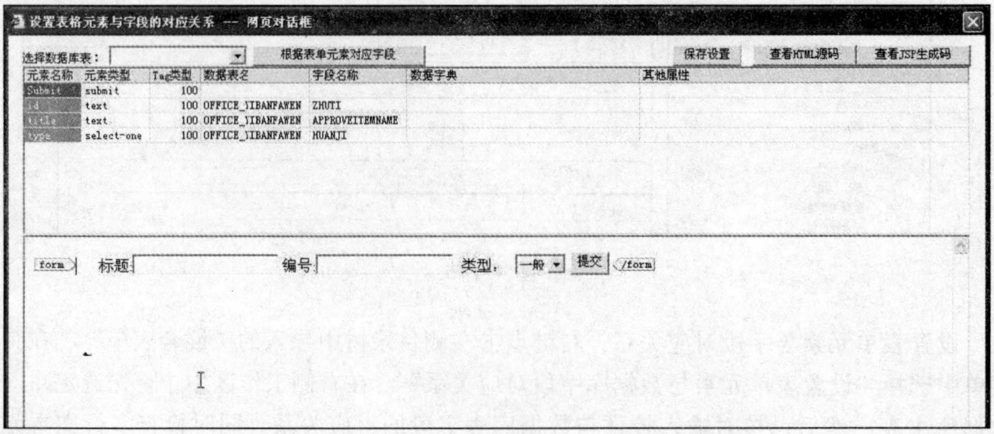

图 4-121

(2)定制文件箱。

a. 定制文件箱

文件箱定制是为了实现用户文件夹的个性化。使用户只浏览和使用与自己有关的文件夹，滤除与自己无关的文件夹。

创建文件箱：右键点击用户界面下的"文件箱"，选定菜单的"增加文件箱"，以创建新文件箱。

设置文件箱属性：主要设置 3 项属性"文件箱名称"、"文件箱标题"、"选择用户组"，如图 4-122 所示。其中，文件箱名称：为系统管理员内部使用；文件箱标题：显示给用户的名称；选择用户组：文件箱的使用对象，只有选定的用户组才能看到和使用该文件箱，从而实现用户文件箱的个性化。注意：只有全局用户组成员才能被设置为文件箱使用对象。

设置完成后，点击"保存"，完成文件箱的设置。

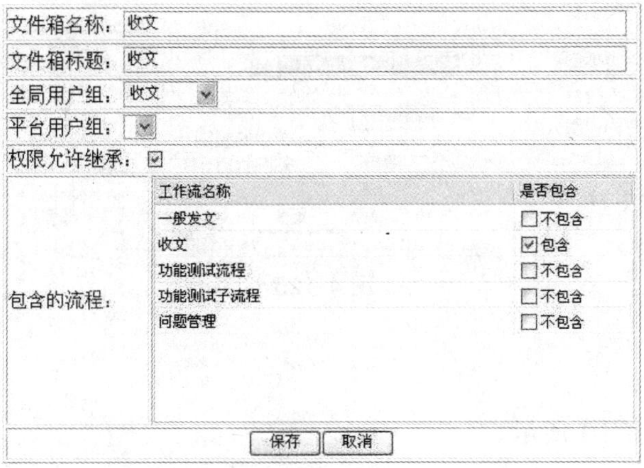

图 4-122

b. 定制文件夹

文件箱下的第一级文件夹是与工作流对应的，例如"收文"文件夹，对应一个"收文工作流"。第一级文件夹之下的文件夹对应工作流中文件分类，例如，"待办文件"、"正办理"、"已办结"等类。

创建第一级文件夹：右键点击新创建的"文件箱"，选定菜单的"增加文件夹"，以创建新文件夹。

设置文件夹属性：文件夹名称，文件夹显示的名称；文件夹类型，文件夹属性指明是容器还是链接；链接的 URL，文件夹对应的工作流。"链接的 URL"的设置方法为，点击"链接的 URL"栏中的设置，弹出的工作流列表中，如图 4-123 所示，在表中选择相应的工作流，点击"确定"。

设置完的页面如图 4-124 所示，再点击页面下部的保存，完成第一级文件夹的设置。

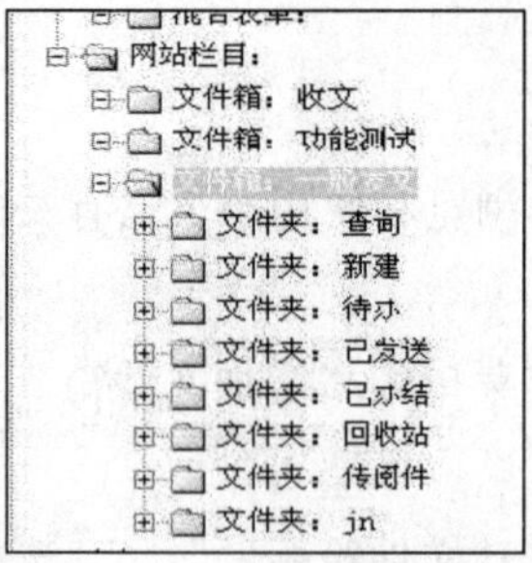

图 4-123  图 4-124

设置子文件夹：以类似的方法，创建工作流的各子文件夹，例如"待办件"文件夹，见图 4-125。

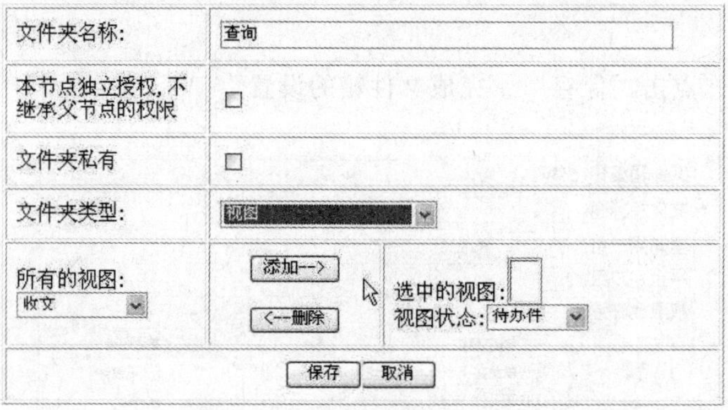

图 4-125

5)定制角色

(1)角色类型表。

角色类型表如表 4-1 所示。

表 4-1　角色类型表

角色类型	角色名称	具体对象	是否定义	属性及用途
静态	部门与人员	全系统部门和人员	固定角色，不需要用户定义	涉及到每个部门及人员，方便流程的细节控制
	内置用户	Starter		用户不涉及的角色，供工作流引擎使用
	Sender			
	CurrentUser			
	AnyUser			
	全局用户组	在全系统中选定	由用户定义	每个工作流都可以使用的角色，如"局文书"
	流程用户组	在流程涉及的范围内选定		只涉及具体流程，即只在一个流程中使用的角色
动态	动态角色	经过滤的某一类人员	由用户定义	自动选定本部门相应的角色

(2)静态角色的定义。

静态角色分为固定角色和用户定义的角色。固定角色包括"部门与人员"和"内置用户"两类，不需要定义，可以直接在工作流中使用。

静态类型中需要用户定义的角色包括"全局用户组"和"流程用户组"，下面以"全局用户组"为例，说明静态角色的定义过程。

鼠标右键点击左侧目录树中的"全局用户组"，选择菜单的"增加全局用户组"，右侧工作区显示出增加角色界面。根据全系统公文流转的具体业务调研，确定角色名称。例如"局办"，选定并添加角色成员，然后点击"确定"，以增加该全局用户，如图 4-126 所示。

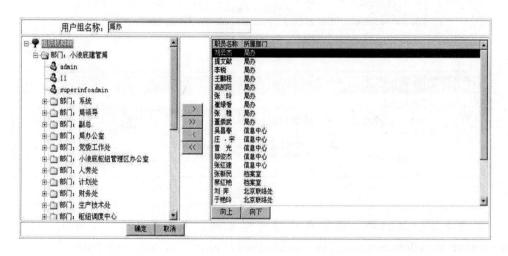

图 4-126

以上述方法增加其他全局用户组中的其他的组。全局用户组成员是每个工作流都可以使用的角色。

增加"流程用户组"的方法与增加"全局用户组"的方法相同。区别在于"流程用户组"中定义的角色只能在定义它的流程中使用。

(3)动态角色的定义。

动态角色是程序根据流程的条件过滤出某一类人员，实现自动选定角色的功能(例如，根据用户信息，自动选定本部门领导)。

动态角色定义方法如下：

鼠标右键点击左侧目录树中的"动态角色"，选择菜单的"增加动态角色"，右侧工作区显示出增加角色界面，在"角色名称"栏中，填入角色名称。例如"签批"，在"基准类型"下拉选项栏中，选择"全局用户组"(假设已定义好全局用户组)，如图 4-127 所示。

点击基本内容，弹出"角色权限设置"网页对话框，如图 4-128 所示。在下拉框中选择"局办"，点击"确定"。

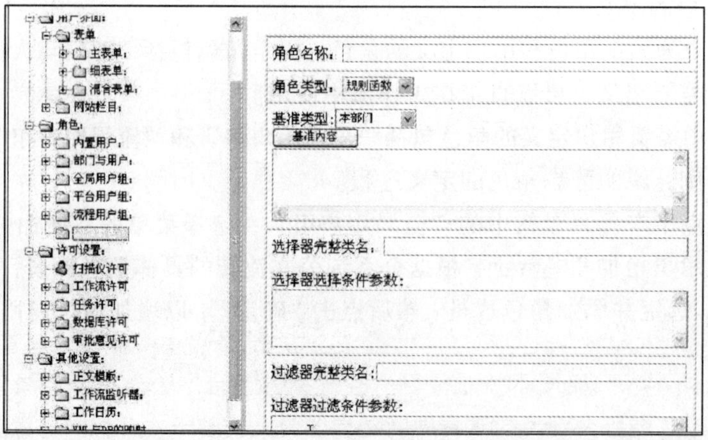

图 4-127

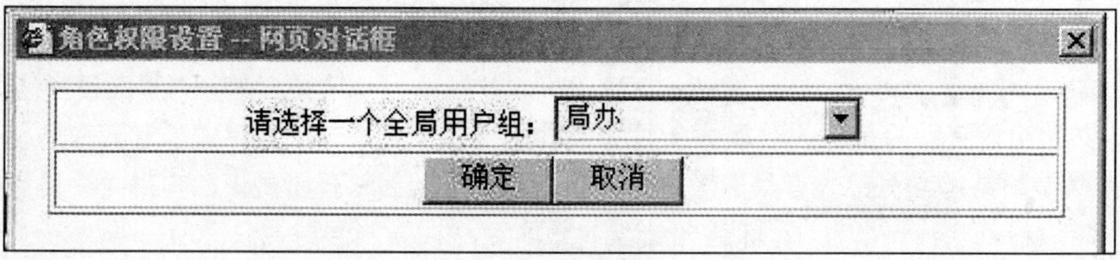

图 4-128

使用本部门过滤器，以实现自动选定本部门人员。方法为：将过滤器类名 (net.risesoft.workflow.core.role.filter.SameRelated DepartmentFilter)直接拷贝到"过滤器完整类名"框中，如图 4-129 所示，点击"确定"，完成动态角色(签批)的定义。

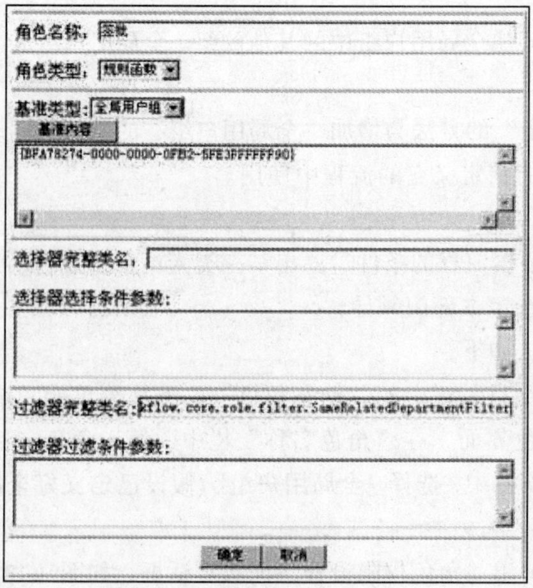

图 4-129

以上述方法增加其他动态角色。不能直接给动态角色授权，他的允许权限是通过给与其相关的静态组授权来实现的。

6)许可设置

许可设置分为工作流许可、任务许可、数据库许可、审批意见许可。

许可设置是对工作流程运转过程中的任务和流程数据的权限进行设置，控制业务流程的安全性和保密性。许可设置一般有三个选项"读写"、"只读"和"隐藏"。

(1)工作流许可。

对工作流程可以设置"流程管理员"、"流程读者"、"工作内容读者"和"文件管理员"权限。具有这些权限的用户可以随时设置流程数据的权限。

流程管理员：在整个工作流程中可以进行任务的监控和数据的修改。

流程读者：在整个工作流程中可以对任务状态和流程数据进行查看。

工作内容读者：工作流程中的任务工作是被设置了权限的，查看工作流程中任务工作的内容需要拥有此权限。

文件管理员：针对已完成任务的文件数据进行管理，拥有此权限的用户可以对文件进行管理(暂未实现)。

下面以设置"流程读者"为例，说明工作流许可设置的操作方法：右键点击"流程读者"→"工作流许可"→"增加许可"→在全局组中选择"局办"→点击"确定"，完成流程读者的一个成员的设置。如图 4-130 所示。以同样方法增加其他成员。

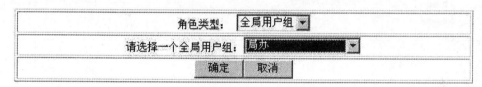

图 4-130

(2)任务许可。

工作流程中的各项任务是由不同的角色执行的。例如，收发员完成文件的收发，而主管领导完成文件的签批。任务许可设置就是设定任务的执行者，也就是任务的提交(或称发送)对象。

工作流定义的任务许可栏中的各项任务是根据流程图中定义的任务生成的。

既然任务许可设置是为了确定任务的执行者，因此对流程中的每项任务只设置一个执行角色即可，并且执行角色可以是动态角色。

"任务许可"设置的操作方法：右键点击任务许可中某一任务，如"签批"，→点击"任务许可设置"→"增加许可"→弹出"角色权限设置"网页对话框。

任务许可角色可以使用动态角色，以自动圈定任务的执行者。为设置动态角色，在弹出"角色权限设置"网页对话框中，"角色类型"选择为"规则函数"，"规则函数"选定为"本部门签批"，"权限类型"可选"读写"。然后，点击"确定"，完成"签批"任务的许可设置，如图 4-131 所示。

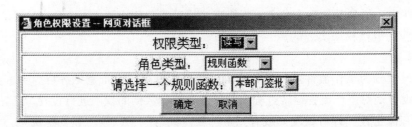

图 4-131

设置结果如图 4-132 所示。对一项任务，设置一个执行者即可。点击设置框下部的保存，以保存设置结果。以同样方法，设置其他任务的执行者。

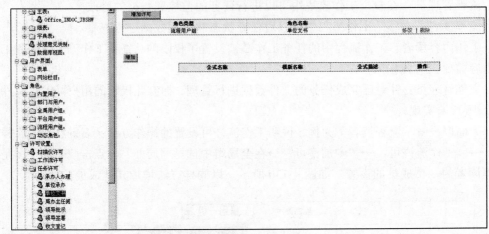

图 4-132

(3)数据库许可。

数据库许可设置其实就是设置用户对表单各栏的读写权限。但是，不是直接对用户表单进行设置(表单只是对数据库表的透视，而且表单经常需要调整)，而是通过对数据库表字段的权限设置，实现对表单读写的权限控制。对每一个字段，权限可以设置到用户级。再结合任务的许可设置，就很好地保证了表单数据流转时的安全性和保密性。

数据库各字段的许可，对流程每个角色都要进行设定，以实现各角色对各字段的"读写"、"只读"，或是"隐藏"的处理权限。

必须使用静态角色(全局用户或流程用户)进行数据库许可设置，不能使用动态角色，动态角色不能控制数据库读写。

数据库许可设置方法如下：

右键点击数据库字段列表中某一字段(如"BIAOTI")，点击弹出的"字段许可设置"菜单，右侧出现许可设置界面，如图 4-133 所示。

点击"增加许可"，弹出"角色权限设置"网页对话框，在"全局用户组"中选择"局办"，如图 4-134。然后，点击"确定"，完成数据库许可的一个字段的设置。

设置完成的数据库字段许可如图 4-135 所示，以同样方法设置其他字段的许可属性。

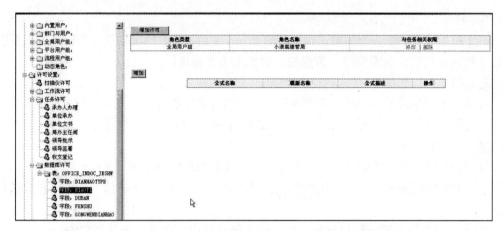

图 4-133

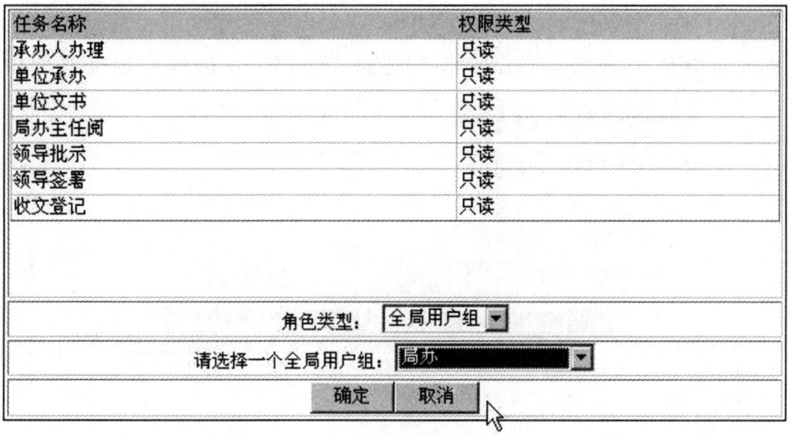

任务名称	权限类型
承办人办理	只读
单位承办	只读
单位文书	只读
局办主任阅	只读
领导批示	只读
领导签署	只读
收文登记	只读

角色类型： 全局用户组 ▼

请选择一个全局用户组： 局办 ▼

确定　取消

图 4-134

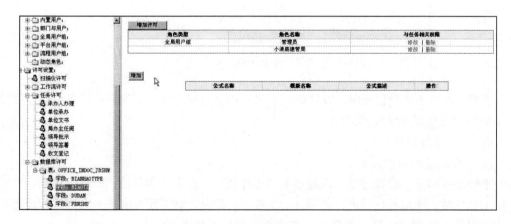

图 4-135

(4)审批意见许可。

审批意见的许可设置目前为默认设置，即意见填写者为"读写"，其他角色为"只读"。

7)定制模版

正文模板其实就是一个模拟正式文件的 Word 文档，具有特定样式。其样式是根据客户实际需求定制的，在需要导入数据的位置插入书签即可。

定制模版的操作如下：

右键点击左侧目录树中的"正文模板"，以增加文件模板。在"正文模板地址"中，添入预先编辑好的文件模版(带书签的 Word 文档)路径和文件名。模板导入之后，在列表中会显示出模板书签。

设置模板的书签与数据库字段的对应关系。需要对应的信息为"文件标题"、"文件号"、"发文机构全名"、"主送单位"、"抄送单位"以及"主题词"等。设置方法如下：

(1)首先点击根据第一列填写第二列，以在第二列中自动填入书签类型(M)；

(2)再点击根据第二列填写第三列，以在第三列中自动填入对应的数据库字段，如果有个别项对应错误，则手工调整。

对应关系设置好后，如图 4-136 所示。点击"保存"，以保存定义好的模板。

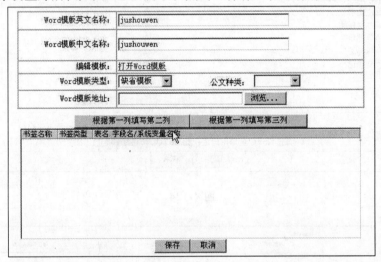

图 4-136

注意：在事先编辑模板时，设计的书签名称尽量与相应的数据库字段同名，以方便设置模板书签与数据库字段的对应。

8)工作流属性设置

(1)工作流基本属性设置。

工作流基本属性设置方法：右键点击"工作流"，点击子菜单的"工作流属性"。在右侧工作区域，示出属性页面，如图 4-137 所示。此刻，对工作流的基本属性进行设定和修改。属性设置完成之后，将调试状态置为"运行"状态。

(2)工作流提交。

工作流定义完成之后，点击工作流属性中的"提交工作流"。以保存所定义的工作流成果。提交之后的工作流就可以测试和使用了。

流程名称: 局收文
流程作者: [60503EF1-74E0-D701-8074-005004C8C76D]
创建时间: 9/28/2003 17:5:40
修改时间: 5/2/2007 17:48:28
缺省期限: 0　周
工作日历: --未选择--
启始任务: 收文登记
缺省(录入)表格: 局办收文单
缺省(查询)表格: --未选择--
缺省(简单查询)表格: 局办收文简单查询
是否需要表单留痕: 不留痕
调试状态: 运行
标题字段: OFFICE_INDOC_JBSHW.BIAOTI　设置
自由流类型: 无自由流
流程分类名称: null

确定　关闭

图 4-137

(3)工作流的删除。

在删除工作流之前，首先要检查一下该工作流是否有工作实例。如果有运行实例，在删除该工作流之前，必须首先删除所有工作流实例，即"清除工作流"，然后再删除工作流。否则，工作流删除之后，数据库会留下垃圾信息，甚至会造成数据库运行不正常。

清除工作流的方法：右键点击"工作流"，点击子菜单的"清除工作流"。全选实例数据，按"确定"，以清除全部实例数据。同样，对 debug 数据也全部删除。

删除工作流的方法：右键点击"工作流"，点击子菜单的"删除工作流"。弹出删除确认对话框。确认删除之后，程序示出"成功删除本项"的确认信息。

(4)其他功能。

工作流定义工具还提供诸如"排序"等功能，用户可以自行掌握和使用。这些功能都比较简单，这里不再详细介绍。

4. 定义工作流注意事项

(1)充分做好定制前的准备工作，准备工作内容如下。

充分需求调研，确定工作流的"任务"、"动作"、"角色"、"路由"以及文件"样本"。

根据文件样本，制作表单和模板(注意"控件"、"Form"、"定义 Tag"、"书签"等元素的使用)。

根据表单创建数据库表(虽然在定制时可以根据表单自动建库，但还是建议使用 SQL 语句批量建库效率高)。

(2)工作流的定制顺序对工作效率大有影响。因为某些定制工作是在另一些工作的基础上完成的，例如，定制表单时，要设置表单元素与数据库字段的对应关系，必须有数据库主表，才能定制表单。

在上述准备工作完成的情况下，合理的定制顺序如下：

a.创建数据库表

b.定制表单

c.定制模板(发文流程)

d.绘制流程图

e.定制角色

f.定制文件箱

g.定制许可

(3)做完某部分工作，注意随时保存，以免丢失劳动成果，尤其是绘制流程图要特别注意。

(4)删除工作流时，先要检查一下该工作流是否有工作实例。如果有运行实例，在删除该工作流之前，必须首先删除所有工作流实例，再删除工作流。否则，数据库会留下垃圾信息，甚至会造成数据库运行错误。

(六)RiseInfo 定义工具的管理与维护

RiseInfo 信息发布系统是用很好的 Java 语言开发，从 1999 年发展至今，功能有了很大的变化，其跨平台性、安全性和可扩展性更好。

1. 配置信息发布工具

1)配置 NDS 服务

密码和验证密码:输入登录发布工具的密码；服务器 URL：NDS 所在服务器的 IP 地址，端口号为默认；驱动程序：默认；组织入口：NDS 树的最高级；服务入口："服务项目"代表的是组织入口下的下一级目录，信息发布的时候会自动定位到此处。

配置 NDS 如图 4-138 所示。

2)配置数据库

点击"配置数据库"选项，进入数据库配置窗口，如图 4-139 所示。配置数据库时可以添加一个数据源配置，实现连接多种数据库的功能。

图 4-138

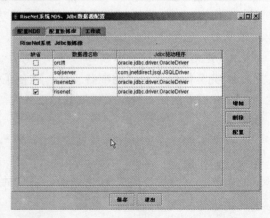

图 4-139

点击"配置",弹出新窗口,用以配置当前驱动。数据源名称可以任意起一个名称。用户名及密码是登录数据库的用户名和密码。驱动程序一栏根据表 4-2 中对应的数据库输入驱动程序。访问入口 URL,是数据库所在的服务器的 IP 地址。全部配置完毕后,点"保存"按钮,完成配置工作。

表 4-2　数据库驱动程序表

数据库驱动程序	数据库名称
oracle.jdbc.driver.OracleDriver	Oracle
com.microsoft.jdbc.sqlserver.SQLServerDriver	SQLServer
org.gjt.mm.mysql.Driver	Mysql
COM.ibm.db2.jdbc.app.DB2Driver	DB2
com.sybase.jdbc2.jdbc.SybDriver	Sybase

2. 使用信息发布工具

未发布标识:⊒亟亚私件;已发布未运行标识:国 训咸权限;已发布已运行标识:鱼当实畀囿。

1)信息发布

选定未发布的项目,单击鼠标右键,在弹出的内容中选发布向导或在选定未发布的项目后点屏幕左上方的"黄色灯泡",进入发布向导窗口。如图 4-140 所示。

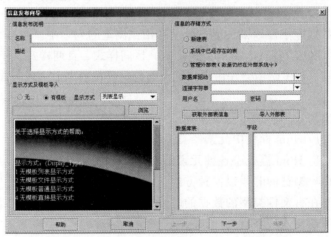

图 4-140

名称:为所要发布的模板起名称(尽量与所制定的模板名称一致)。

描述:对模板的用途、功能等相关内容进行描述。

显示方式及模板导入:用户浏览页面显示和录入的方式,分为有模板和无模板两类。

信息的存储方式:①新建表。(新发布的模板推荐使用)在后边的文本框中输入所要建的表的名称。②系统中已存在的表。左侧的数据库表中显示所有数据库内的表,选择某个表后,字段项内将显示该表所有的字段名称。③管理外部表。因不使用此选项,在此不作介绍。

此窗口所有工作完毕后，点击"下一步"进入数据字段定义窗口。如图 4-141 所示。

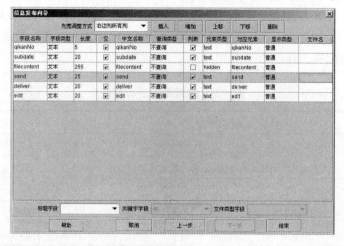

图 4-141

字段名称：与数据库对应的字段名称。

字段类型：选择此字段的类型，共有文本、文件、整数、实数、日期、长文本 6 种字段可供选择(与数据库字段不完全一致，在程序中会对应)。

长度：只有文本必须设置长度，文件和长文本不需要设置长度。

空：是否该字段为空。

中文名称：数据库字段以中文形式显示在用户浏览的列表中。

查询类型：可以选择文本样式、下拉样式、区间样式、日期样式、普通样式以及不查询。默认为不查询，选中此项会在用户浏览页面的时候在列表上出现所选中的查询字段，可进行复合查询。

列表：是否出现在用户浏览的页面上，对钩为显示。

元素类型：对应 Html 模板中元素的类型。

对应元素：对应 Html 模板中各种元素的名称。

显示类型：用户浏览的时候以何种方式显示。

文件名：只有在有文件类型的数据的时候，在此处选取文件的文件名。

插入：高亮行前插入一空行。

增加：高亮行后插入一空行。

上移，下移：高亮行上移一行或下移一行。

删除：删除高亮行。

标题字段：选取一个标题字段，用户浏览的时候可以点击查看该文件。注意:标题字段不能为空。

文件类型字段：如果有文件字段，此处选择文件字段。

完成所有操作后点"结束"，完成基本信息发布。此时项目已经发布，但是未运行。

2)显示方式设定

选定此项目，单击鼠标右键，选中显示方式，弹出如图 4-142 所示窗口。

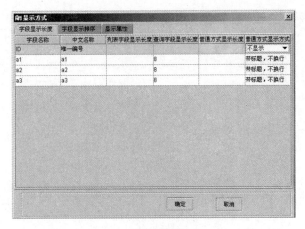

图 4-142

(1)字段显示长度。

查询字段显示长度：设置查询内容的显示长度。

普通方式显示方式："带标题，不换行"将字段内容在表格中以单行全部显示出来。"带标题，换行"是将内容以多行的形式在表格中显示。

(2)字段显示排序。

字段显示排序分别显示了列表字段排序、查询字段排序、显示字段排序三部分，用户浏览窗口分别列出先后顺序，可以鼠标拖曳改变字段位置。

(3)显示属性。

查询每行显示个数：用户浏览页面显示，显示每行查询的字段数。

列表每页显示行数：每页显示文件的数量。

3)综合信息设置

(1)基本属性。

修改名称、描述、模板显示等信息。

(2)数据库信息。

显示数据库信息，无法更改任何内容。

(3)字段显示。

数据库字段，可以修改列表显示(用户浏览页面显示的字段)；可以修改显示类型；可以修改特殊字段。

(4)综合属性。

数据库名称：显示此模板信息存储的数据库的表的名称，用户不可更改。

标题字段：可以更改用户浏览页面的标题字段(用户在列表中点选浏览详细文件)。

关键字段：可以更改数据库的关键字段。

文件字段：如果要有多个文件，可以更改文件字段。

缺省排序字段：可以更改列表排序顺序，如果标注圈内为以 ID 降序显示方式，用户也可自定义排序方式，如按点击率排序等。如图 4-143 所示。

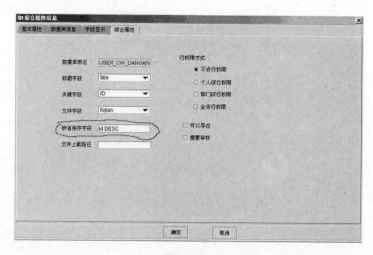

图 4-143

可以导出：在用户浏览列表处右上角会增加显示"导出"一个项目，点导出进入如图 4-144 所示页面。

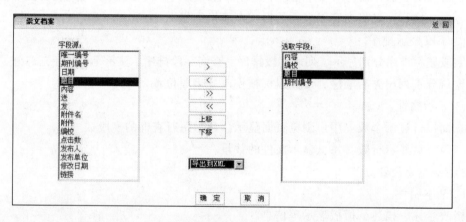

图 4-144

左侧"字段源"显示数据库表中的所有字段，右侧"选取字段"内容是导出文件需要的字段。双击左侧需要选定字段，可以将该字段选入右侧选取字段，也可选中左侧某个字段，点击中间的右单箭头，也可完成选取字段。上移和下移可以改变选取字段的位置，即改变导出文件的字段位置。中间下拉框可以选取导出方式(有 XML、Excel、Word 三种格式可以导出)。

需要审核：选取需要审核，必须要有一个特殊字段对应审核是否通过。选取此项后，用户浏览处会出现审核项目。对于新增的内容，列表后会自动增加"审核"一列。点击"审核"，进入是否批准通过的页面(有"待审核"、"一次审核通过"、"一次审核未通过"等选项可供选择)。

4)行权限方式

如果选择"不设行权限"方式，显示发布时候的列表显示字段。否则，浏览页面右上角会出现"授权"两个字。点击"授权"，列表仅有三列，分别为信息发布时选定的标题、发布人权限(当前登录用户权限)、授权。点选"授权"，进入如图 4-145 所示页面。

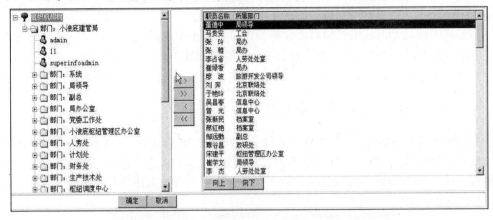

图 4-145

左上角蓝色框内可选择设置浏览权限和修改权限。从左侧的树中可以选择要授权的部门或部门中的具体人员，双击选择好的人员或部门，选定的内容将会在右侧显示；或是选定某个人员或部门，单击个体或全体，选定内容到右侧显示区域，个体为选取某个人，相关选择为选定的部门所有人员，全体为所有人员和角色。只有用已授权的用户登录才可以浏览或修改相应权限所赋予的内容。

注意：如果选择授权方式，必须在信息发布的时候有"行信息发布者"、"浏览 ACL"，"维护 ACL"、三个特殊字段类型，三者缺一不可。

5)字段权限

字段权限设置如图 4-146 所示，左侧显示的为该模板所有字段，中间以树形结构显示所有部门以及部门的人员，右边给需要赋予权限的人员赋予相应的权限，将中间的人用鼠标拖曳进右侧即可赋予相应的权利。如果拖曳的是树"根"，则为全体人员授权限。

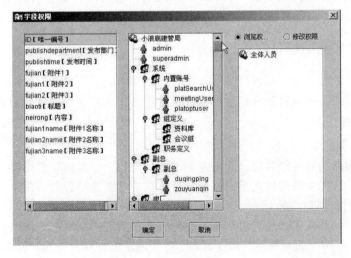

图 4-146

第三节　小浪底网站的管理与维护

小浪底网站是小浪底建管局对外宣传的窗口，是小浪底建管局企业文化的重要组成部分，也是大家常说的企业门户网站，所以日常的管理和维护非常重要。系统由专人进行日常维护，每天对网站新闻进行及时更新，并审查网页内容正确无误，同时保证系统的稳定运行。

一、小浪底网站后台管理中心的登录管理

小浪底网站服务器分内网 IP 和公网 IP，内网网卡 IP 地址为：192.168.16.*，公网网卡 IP 地址为：218.28.34.196。进行网站维护时需要通过公网 IP 进行登录，登录方式是在地址栏输入 http:// www.xiaolangdi.com.cn/*/*。打开登录页面后输入用户名和密码，进入后台管理中心(见图 4-147)。

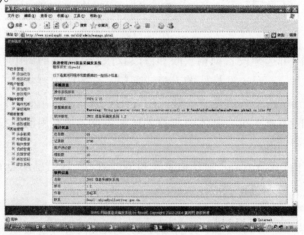

图 4-147

图片新闻修改时需要在 18 网段的计算机上，通过文件共享方式在地址栏中输入 \\192.168.16.*\web 登录服务器。登录服务器后找到图片相应保存的文件夹，替换图片文件。

二、小浪底网站的日常管理与维护

小浪底网站后台共分栏目管理、用户管理、稿件管理、模版管理和其他管理五个部分，根据日常工作需要，本资料只介绍后台管理系统中常用的栏目管理和用户管理两个部分。

(一)栏目管理

1. 添加栏目

当需要添加新的后台栏目时，点击左侧"添加栏目"，新窗口如图 4-148 所示，填入新增栏目名称，选择上级栏目点击"添加"。再点选"修改栏目"，在新打开的编辑栏目窗口中就能找到新添加的栏目。

编辑栏目窗口共有建管局党建、企业文化、传媒报道、小浪底论丛、公告栏、新闻中心、专题报道等一级标题和其他三级子标题。可定制子标题顺序和编辑操作员，管理轻松，层次清晰。

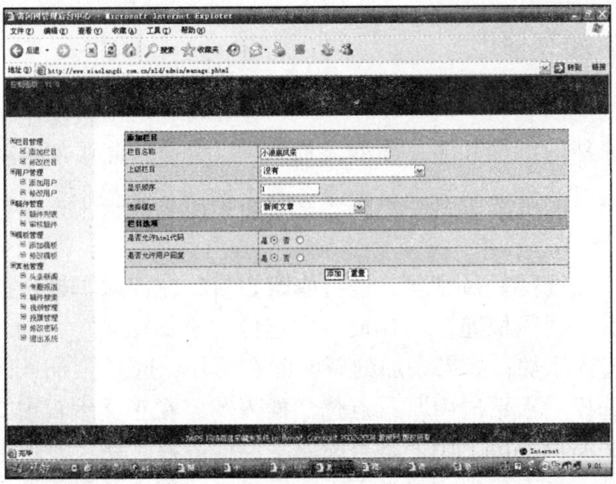

图 4-148

2. 修改栏目

点击"修改栏目"后，窗口显示编辑栏目窗口，此时可以对标题栏目进行"编辑"、"删除"、"添加操作员"、"添加子栏目"等操作。

(二)用户管理

1. 添加用户

为了保护后台系统的安全和相应编辑权限的管理,往往不同的栏目具有不同的身份(操作员)来编辑管理,这些相应的操作员只能修改和操作其对应的栏目,这样就避免了对其栏目过失或恶意的操作。

2. 修改用户

如图 4-149 显示，点击修改用户后，将显示所有操作员名单，管理员可以对所添加的所有用户进行修改权限或删除后台操作的权限。

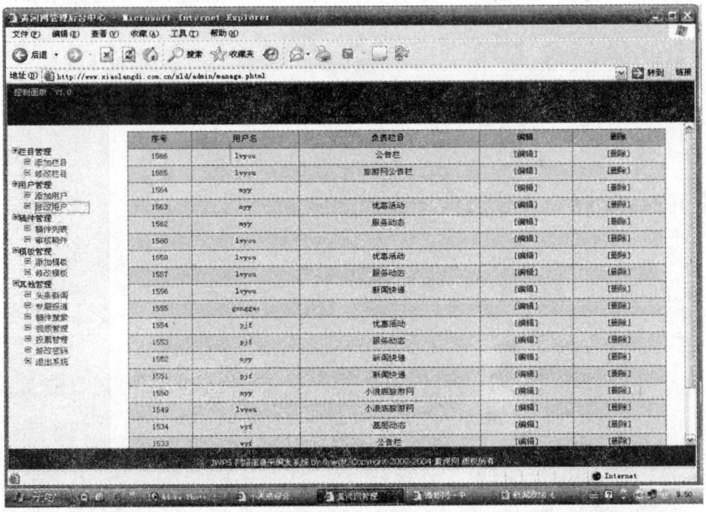

图 4-149

三、新闻的添加和修改

(一)新闻的添加

新闻添加分普通新闻添加和图片新闻添加两种，普通新闻添加需要登录到后台管理中心操作。图片新闻通过文件共享方式替换服务器上的图片来操作。

1. 普通新闻添加

进入后台管理中心选择栏目管理，进行修改栏目，在"编辑栏目窗口"中选择"新闻中心"的二级子栏目"新闻快递"。在窗口中选择"添加记录"，输入新闻标题和正文，调整好格式，就可选择添加；如果添加的新闻配有图片，选择 插入图片，将需要的图片插入后，对齐方式选择"水平居中"，点选"插入"；在正文编辑窗口再次将光标居中，调整好格式，在正文编辑窗口下面"是否配图"一栏选择"是"，点击"添加"。至此带图片的新闻添加完成，将页面生成静态页面，网站上才能正常显示。

图片格式需要使用 Photoshop 将图片编辑成 400×300 像素，否则在页面中不能正常显示。

2. 图片新闻添加

图片新闻主要是指重大事件，以图片新闻形式在主页上滚动显示。在添加图片新闻时需要对图片进行调整，将分辨率设为 277×220 像素，把更改好的图片覆盖服务器中原有的图片，同时更改图片新闻的网址链接，并更改相应的新闻名称。

通过 18 网段管理员计算机，在地址栏中输入地址：\\192.168.16.15\web\images\topnewspic 登录到服务器的远程共享文件夹，能看见文件名为 topnewspic、topnewspic 1、topnewspic 2 的三张 JPG 图片，把按要求修改好的图片文件名称修改成以上文件名，并上传到共享文件夹下覆盖图片文件。

(二)新闻的修改

图片覆盖完成之后，需要对新闻链接和名称进行修改。进入\\192.168.16.*\web\js 文件夹内，找到名称为"dpic"的源程序文件，并用编辑工具 EditPlus 打开(见图 4-150)，把新的图片新闻链接覆盖原有链接之后，更改文件名，保存后退出，完成对图片新闻的更改。

图 4-150

四、对标题新闻图片和链接的修改

标题新闻是指在网站首页"新闻快递"正上方，以突出标题显示的新闻，主要是突出新闻的重要性。修改分两部分完成，一是对标题图片进行修改，二是对图片的链接进行修改。

(一)标题图片的修改

进入\\192.168.16.*\web\images\homepage 共享文件夹，查找 newspic 图片格式文件，将修改好的分辨率为 343×37 像素的图片覆盖此文件，标题图片的修改完成。

(二)图片文件链接的更改

进入\\192.168.16.*\web，打开"index"文件。如图 4-151 所示，搜索到原来的链接，将新的图片新闻链接覆盖掉原来的图片链接，图片文件链接更改完成。

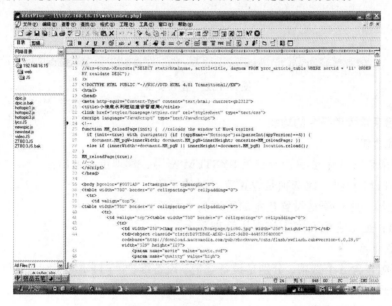

图 4-151

第四节　视频点播系统的管理

小浪底视频点播系统是北京它山石科技有限公司开发的成熟产品，主要为小浪底建管局职工提供娱乐、休闲、学习使用的媒体点播系统，称之为"紫荆 66"或 VOD 点播。视频点播系统经常需要更新电影、MP3、学习视频等内容，更新时通过视频点播系统的管理平台。

一、视频点播系统的维护和功能

(一)视频点播系统的登录

在地址栏中输入 http://www.xldip.com.cn/xld/adm/system/login.jsp，打开登录页面，如图 4-152 所示，管理员账号为******，口令******。

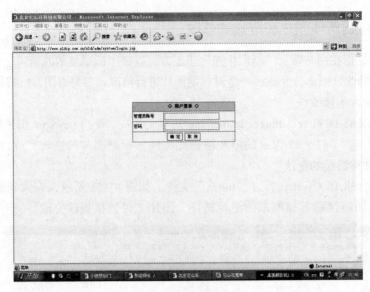

图 4-152　登录页面

(二)点播系统管理平台的功能

1. 系统管理

系统管理包含 3 个选项，分别是 SYSTEM 密码、管理员、退出。

(1)SYSTEM 密码：此选项是设置登录时的密码。

(2)管理员：此选项是设置指定的管理员，可添加或删除。

(3)退出：退出它山石宽带流媒体管理平台。

2. 设备资源

设备资源包含 6 个选项，分别是设备登记、设备维护、FTP 服务管理、视频服务管理、图片服务管理、用户下载配置。

(1)设备登记主要包括以下功能。

新增设备：添加所用设备的所有信息。

浏览设备：浏览所有设备。

检索设备：查看设备的详细信息。

(2)设备维护主要包括以下功能。

新增维护记录：每次维护时的详细维护信息。

浏览维护记录：查看所维护的是硬件或软件。

检索维护记录：查看所维护的硬件或软件的详细维护信息。

(3)FTP 服务管理主要包括以下功能。

新增 FTP 服务：新增 FTP 设备的详细信息。

浏览 FTP 服务：浏览所有 FTP 的详细信息。

(4)视频服务管理主要包括以下功能。

新增视频服务：新增指定视频设备的信息。

浏览视频服务：查看所有视频设备的信息。

(5)图片服务管理主要包括以下功能。

新增图片服务：新增指定的图片设备。

浏览图片服务：查看图片服务设备的信息。

(6)用户下载配置主要包括以下功能。

新增下载配置：新增下载服务的设备。

浏览下载配置：查看下载服务设备的信息。

3. 直播播放管理

直播播放管理包含 5 个选项，即压缩服务器管理、播放栏目设置、播放预定设置、当天节目播放、点播管理。

(1)压缩服务器管理主要包括以下功能。

新增压缩服务器：新增压缩服务器的编号、名称等信息的添加或删除。

浏览压缩服务器：查看压缩服务器的信息。

(2)播放栏目设置主要包括以下功能。

新增栏目：新增栏目的编号、名称等信息。

浏览栏目：查看所有栏目的信息。

(3)播放预定设置主要包括以下功能。

新增预定：新增预定节目的详细设置。

浏览预定：查看预定节目的详细信息。

(4)当天节目播放可以设置当天播放节目的详细信息。

(5)点播管理可以设置特定节目的详细设置。

4. 节目库管理

节目库管理包含 4 个选项，分别是节目分类、内容入库、文件入库、内容发布。

(1)节目分类主要包括以下功能。

新增分类：新增加的栏目类别。

浏览分类：查看所有的栏目及详细信息。

(2)内容入库主要包括以下功能。

新增节目：新添加的指定节目的详细信息。

节目管理：所有节目的信息添加、修改、删除。

检索节目：查看特定的节目信息。

(3)文件入库主要包括以下功能。

上传待入库文件：上传还未发布的文件。

上传已入库文件：上传已发布的节目文件。

(4)内容发布主要包括以下功能。

未发布节目：查看还未发布的节目。

已发布节目：查看已发布的节目。

检索节目：查看指定的节目信息。

5. 节目查询

节目查询可查询指定的节目。

6. 节目设置

节目设置包含 6 个选项，包括栏目设置、影片推荐、最新影片、MP3 推荐、最新 MP3、栏目控制。

(1)栏目设置主要包括以下功能。

栏目设定：设定指定的栏目信息。

(2)影片推荐主要包括以下功能。

影片推荐浏览：浏览已发布过的推荐节目。

增加影片推荐：设置已发布过的新节目到影片推荐。

(3)最新影片主要包括以下功能。

最新影片浏览：查看最新上传的所有影片。

增加最新影片：添加最新上传的影片。

(4)MP3 推荐主要包括以下功能。

MP3 推荐浏览：查看所有推荐的 MP3。

增加 MP3 推荐：添加指定的 MP3 到"MP3 推荐"里。

(5)最新 MP3 主要包括以下功能。

最新 MP3 浏览：查看最新的 MP3。

增加最新 MP3：添加最新的 MP3 到栏目中。

(6)栏目控制主要包括以下功能。

受限时间范围：设置指定节目的播放时间和停止时间。

受限 IP 范围：指定收看节目用户的 IP 地址。

受限栏目：设置指定节目的全部限制。

7. 其他管理

其他管理主要包括以下功能。

新增公告：发布管理员新增的公告。

浏览公告：查看所有公告的详细设置内容。

(三)视频点播发布系统说明

视频点播发布系统负责各种视频、MP3、常用软件的上传。视频点播发布系统(见图 4-153)包含连接服务器、服务器地址、服务端口、登录名称、登录密码、接受登录、文件标题名称、发布目录名称、本地文件、添加任务并上传、删除选择信息等主要设置。

详细功能如下。

(1)连接服务器：连接指定的服务器。

(2)服务器地址：上传服务器的 IP 地址。

(3)服务端口：上传服务器的通讯端口。

(4)登录名称：登录服务器时所需的用户名称。

(5)登录密码：登录服务器时所需的用户密码。

(6)接受登录：输入用户名和密码后点击接受登陆。

(7)文件标题名称：上传文件的源文件名。

(8)发布目录名称：选择存放上传文件的地址。

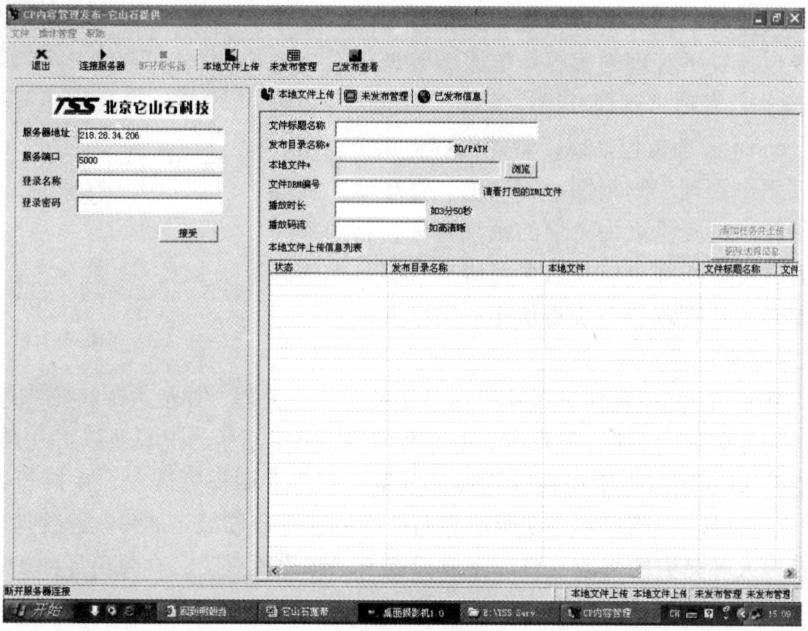

图 4-153

(9)本地文件：选择上传文件的源存放目录地址。

(10)添加任务并上传：选择要添加的文件点击上传。

(11)删除选择信息：删除已上传但未发布的文件。

(12)未发布管理：查看已上传但还未发布的文件。

(13)已发布信息：查看已发布过的所有文件。

第五节　邮件系统的管理与维护

小浪底邮件系统主要为局职工提供 webmail 服务，邮件系统具有丰富的邮件收发和远程管理功能。具有突出的可靠性、安全性和高速性的特点。灵活的扩展性使它成为企业邮箱的理想选择。

目前，电子邮件系统配合小浪底建管局数字化办公平台的使用，用户已达 1 083 个，每天有大量的内部邮件和外部邮件收发，方便了小浪底建管局职工信息的交换和日常交流，已经成为小浪底建管局数字化办公平台的重要部分。

一、邮件系统的管理

邮件系统管理主要分超级管理员和 epost 管理员两部分管理。超级管理员登录时在地址栏中输入 https://218.28.**/，进入登录界面后(见图 4-154)，用户名输入 admin，密码输入******。epost 管理员登录时在地址栏中输入 https://218.28.**/*/，进入登录界面后用户名输入 epost，密码******。

(一)邮箱系统的管理功能

通过不同的管理员登录后管理功能各有不同。超级管理员主要包括以下管理内容：系统服务管理、系统选项、IP 管理器、管理员管理、用户管理、主机运行、数据备份等。epost 管理员包括以下管理内容：系统选项、修改密码、用户管理、邮箱别名等选项。管理员的管理界面为邮件管理员提供极为方便的系统管理，整个邮件系统的所有管理工作都可以在这里完成。根据日常使用需要，主要对用户管理和系统备份作一简单介绍。

图 4-154

(二)用户管理

用户管理包括 epost 管理员账号和用户账号的基本管理，如最大邮箱数修改、epost 管理员修改、密码修改、邮箱容量设置、用户新增等，根据使用情况只对以下几点进行说明。

(1)最大邮箱数修改。使用超级管理员登录，点击"用户管理"，在打开界面中单击 epost 的用户，如图 4-155 所示。在所示界面中即可进行挂靠域名的修改、磁盘空间限额的修改，以及最大邮箱数的修改。修改完成后点击"修改预览"，在弹出界面中确认修改。

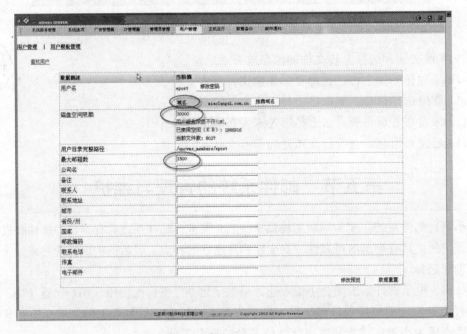

图 4-155

(2)用户邮箱密码更改和个人邮箱扩容，使用 epost 管理员登录，在弹出窗口中选择用户管理就可以进行用户设置修改。用户密码忘记或需要扩充邮箱容量时，可通过此处进行修改。

具体步骤为：先查找用户，点击"查找用户"按钮(见图 4-156)，在弹出窗口中，输入用户名，点击"查找"。在新弹出界面里点击"用户名"，在如图 4-157 所示窗口中，就可进行修改密码与邮箱扩容操作了。修改密码点击"修改密码"按钮在弹出页面修改，扩容修改图中数字，以 M 为单位。修改完成后点击"修改预览"，并应用修改即可。

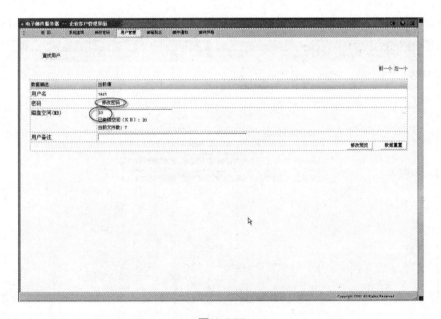

图 4-156

图 4-157

(3)新增用户，使用 epost 用户名登录，登录后点击"用户管理"在弹出页面中选择添加按钮，如图 4-158 所示。

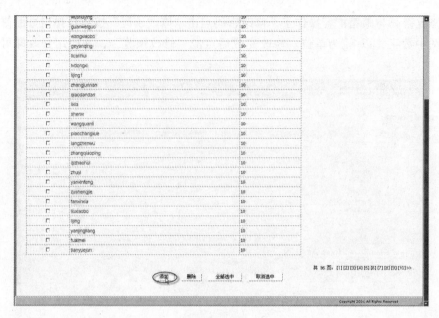

图 4-158

在新弹出的界面中输入用户名、密码、磁盘空间(默认是 10 M)。分别点击"添加预览"，确认添加后，新用户添加成功。

二、邮件系统的备份

备份邮件时使用超级管理员身份登录，在打开界面中选择数据备份选项，如图 4-159 所示。

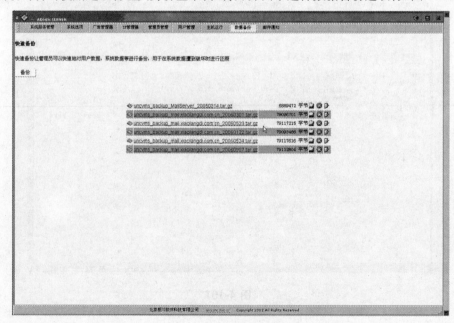

图 4-159

在弹出界面中点击"备份"按钮开始备份，备份开始后等候10分钟左右完成备份。

备份完成后就会出现新备份的文件，单击文件名会出现下载提示，将备份文件下载后保存，如图4-160所示。

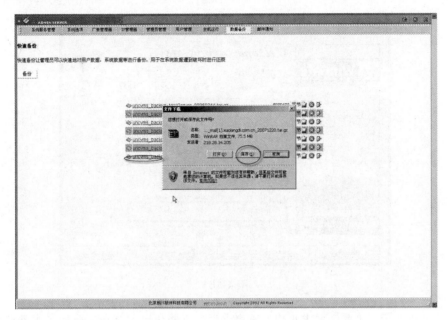

图 4-160

第六节　WinGate 代理服务器的管理与维护

郑州枢纽调度中心办公楼互联网联网方式与其他办公区域和生活区不一样，在郑州枢纽调度中心办公楼网络部署初期从安全方面考虑决定采用了WinGate代理服务器这种传统方式，既保证了网络内部计算机的相对安全，有效控制内部计算机的网络访问权限，又保证内部计算机通过代理服务器上网后行为日志的完整性。

一、WinGate 代理服务器的功能

WinGate 是一个局域网共享一个互联网出口的代理服务器型软件。它可以使多个用户仅通过一个连接同时访问 Internet。WinGate 的用途不仅仅简单的作为网络共享，它还是一个能够提供高级用户管理和综合的电子邮件服务器的低成本安全解决方案。WinGate 拥有许多其他同类软件所不能比拟的优点，包括限制用户对 Internet 访问的能力，记录和审计能力，HTTP 缓存(节省带宽和加速访问)，连接映射，可作为服务运行，防止病毒、垃圾等内容进入网络，以及方便网络管理等。

二、WinGate 代理服务器的安装和设置过程

目前使用的 WinGate 代理服务器安装版本是 WinGate6.2.2。

安装过程如下：

服务器安装，选择第二项(见图 4-161)，也就是配置为 WinGate 服务器。按 Continue 到下一步，如果没有其他的要求就直接以默认方式安装。

图 4-161

安装完成之后，机器会要求重启。重启之后，机器会启动 WinGate 后台服务和相关程序。启动之后如图 4-162 所示。

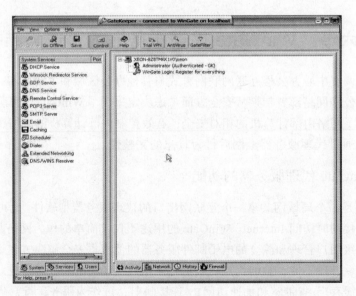

图 4-162

Gatekeeper 界面右边为常用的功能设置，分为 system(系统页)、services(服务页)、users(用户页)三页，如图 4-163~图 4-165 所示。

图 4-163

图 4-164

图 4-165

在系统页中，选择要高设置的项，右键就会有相应的菜单。

DHCP Service(DHCP 服务)，也就是使用动态 IP 还是固定的 IP。还有 DNS Service(DNS 服务)、Remote Control Service(远程控制服务)、POP3 Server(接受邮件的服务器)，SMTP Server(邮件发送的服务器)，剩下的有 E-mail、Cathing(缓存)、Scheduler(计划任务)、Dialer(拨号)等。

其中服务页是 WinGate 最重要的服务了(见图 4-164)。包括 FTP Proxy server(FTP 代理服务)、Logfile server(记录文件服务)、POP3 Proxy server(POP3 代理服务)、RTSP Streaming Media Proxy(RTSP 代理服务)、SOCKS Proxy server(SOCKS 代理服务)、Telnet Proxy server(Telnet 代理服务)、VDOLive Proxy server(VDOLive 代理服务)、WWW Proxy server(WWW 代理服务)、XDMA Proxy server(XDMA Proxy 代理服务)。

我们用的最多的是 WWW 代理服务，所有服务的设置都差不多，首先点击 WWW Proxy server 右键，会弹出菜单如图 4-166 所示，包括 Start(开始服务)、Stop(停止服务)、New service(新建服务)、Clone service(克隆服务)、Delete(删除服务)、Properties(属性)。

图 4-166

设置时要执行的是属性这一项，执行属性，会弹出"属性"对话框"WWW Proxy server properties"，如图 4-167 所示。

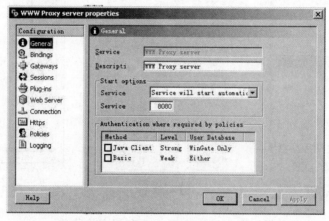

图 4-167

General(常规)页面包括 Service(服务的名字)、Descripti(描述)、Start Options(开始选项)。其中 Start Options 中的 Service(服务启动方式)，包括三个选项：①Service is disabled(禁用，也就是这项服务停止)；②Manual start /stop(手动开始或停止)；③Service will start automaticall(程序启动后就自动执行这项服务)。因使用比较频繁，在此把该项 Service 设为自动，下一项 Service 改为"8080"。

Bindings(绑定)页面设置如图 4-168 所示。

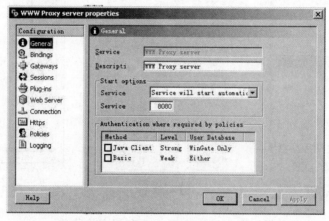

图 4-168

Gatekeeper 界面左边 Network 选项卡设置如图 4-169 所示。

WinGate 代理服务器安装后，设置比较简单。做过以上设置，代理服务器就可以正常使用。代理服务器经过一段时间使用后需要将日志信息拷贝或剪切到服务器其他盘内，将拷贝数据至少保存 60 天。

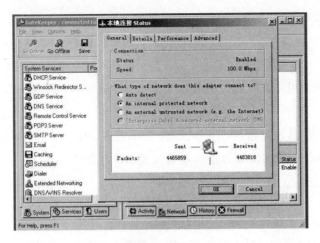

图 4-169

第七节　短信平台系统的管理与维护

小浪底短信平台系统(嘉讯 MAS 机)主要为小浪底综合数字办公平台提供待办公文短信提醒服务，另因 MAS 机的强大功能，同时可为小浪底建管局其他部门进行会议通知、短信群发、问卷调查等。

一、MAS 机短信平台功能介绍

小浪底短信平台系统(嘉讯 MAS 机)采用 Java 语言开发的，采用 B/S 架构登录主界面：在 IE 浏览器输入 MAS 机的 IP 的地址要求在 18 网段登录)，即可打开 MAS 的登录主界面。如图 4-170 所示。

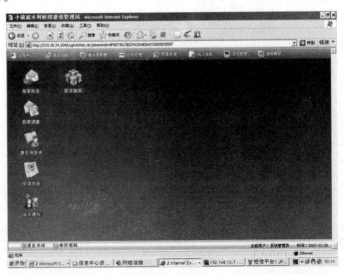

图 4-170

系统主要功能如下：

(1)基本功能。包括短信发送、投票调查、意见和投诉、彩信发送、会议通知、短信抽奖等。

(2)通讯录管理。可以录入和大批量导入接收者手机号码，可以按组分类，便于短信群发。

(3)系统管理。包括用户管理、角色管理、话单管理、接口管理、短信过滤、参数设置、通讯设置、系统维护、设备配置管理、业务设置、日志管理等。

二、MAS 机的应用

(一)通过接口方式为综合数字办公平台提供短信提醒服务

在 MAS 机进行如图 4-171 ~ 图 4-174 所示设置，包括编辑接口设置、通讯设置、修改业务代码设置、设备配置管理、系统维护等。

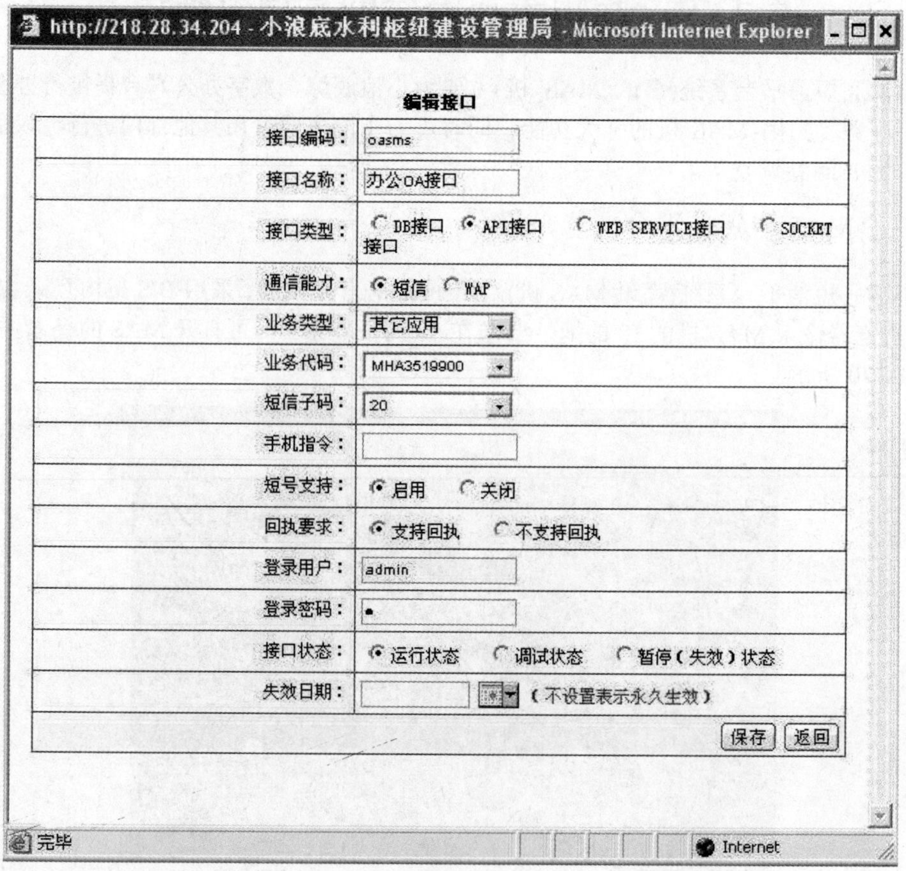

图 4-171

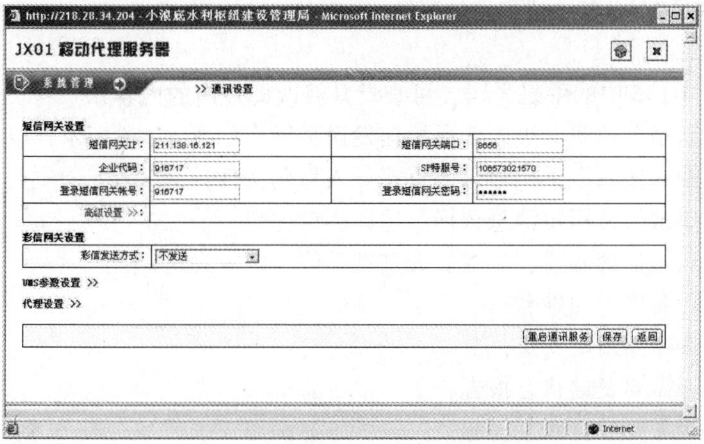

图 4-172

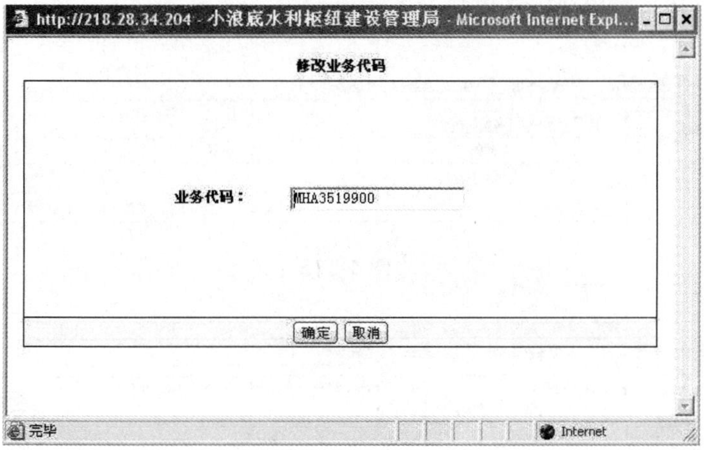

图 4-173

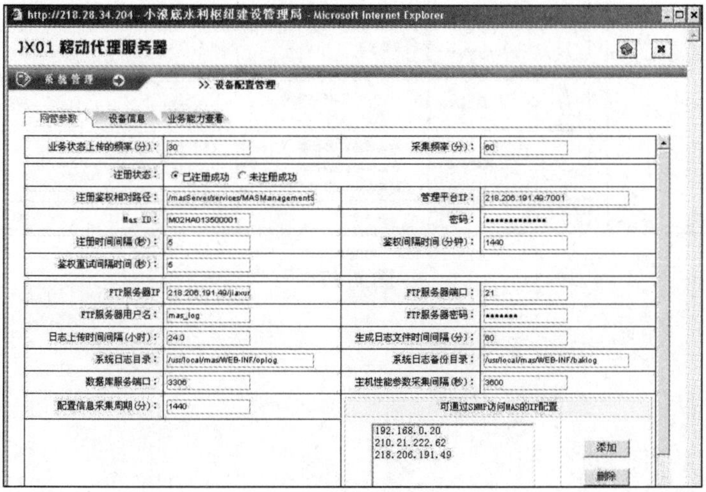

图 4-174

(二)通过登录 MAS 机，进行短信群发

具体步骤如下：

(1)单击图 4-175 中的手机号码，可查看并修改此短信的内容；

(2)点击"新增"按钮，进入普通短信发送页面，如图 4-176 所示；

(3)选择或输入接收人手机号码或直接导入号码文件；

(4)输入或单击"常用短消息选择"选择短信内容；

(5)选择发送短信的方式，如"立即发送"或"定时发送"；

(6)选择是否需要附加姓名；

(7)选择是否需要回复支持；

(8)选择是否需要发送状态报告；

(9)选择是否需要进行回复提醒；

(10)选择是否忽略黑名单；

(11)点击发送，短信发送成功。

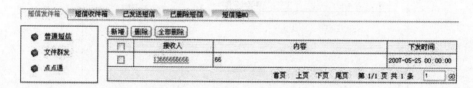

图 4-175

图 4-176

第五章 相关法律法规、管理制度

中华人民共和国计算机信息系统安全保护条例

中华人民共和国国务院令(147 号)

现发布《中华人民共和国计算机信息系统安全保护条例》，自发布之日起施行。

第一章 总 则

第一条 为了保护计算机信息系统的安全，促进计算机的应用和发展，保障社会主义现代化建设的顺利进行，制定本条例。

第二条 本条例所称的计算机信息系统，是指由计算机及其相关的和配套的设备、设施(含网络)构成的，按照一定的应用目标和规则对信息进行采集、加工、存储、传输、检索等处理的人机系统。

第三条 计算机信息系统的安全保护，应当保障计算机及其相关的和配套的设备、设施(含网络)的安全，运行环境的安全，保障信息的安全，保障计算机功能的正常发挥，以维护计算机信息系统的安全运行。

第四条 计算机信息系统的安全保护工作，重点维护国家事务、经济建设、国防建设、尖端科学技术等重要领域的计算机信息系统的安全。

第五条 中华人民共和国境内的计算机信息系统的安全保护，适用本条例。未联网的微型计算机的安全保护办法，另行制定。

第六条 公安部主管全国计算机信息系统安全保护工作。国家安全部、国家保密局和国务院其他有关部门，在国务院规定的职责范围内做好计算机信息系统安全保护的有关工作。

第七条 任何组织或者个人，不得利用计算机信息系统从事危害国家利益、集体利益和公民合法利益的活动，不得危害计算机信息系统的安全。

第二章 安全保护制度

第八条 计算机信息系统的建设和应用，应当遵守法律、行政法规和国家其他有关规定。

第九条 计算机信息系统实行安全等级保护。安全等级的划分标准和安全等级保护的具体办法，由公安部会同有关部门制定。

第十条 计算机机房应当符合国家标准和国家有关规定。在计算机机房附近施工，不得危害计算机信息系统的安全。

第十一条　进行国际联网的计算机信息系统，由计算机信息系统的使用单位报省级以上人民政府公安机关备案。

第十二条　运输、携带、邮寄计算机信息媒体进出境的，应当如实向海关申报。

第十三条　计算机信息系统的使用单位应当建立健全安全管理制度，负责本单位计算机信息系统的安全保护工作。

第十四条　对计算机信息系统中发生的案件，有关使用单位应当在 24 小时内向当地县级以上人民政府公安机关报告。

第十五条　对计算机病毒和危害社会公共安全的其他有害数据的防治研究工作，由公安部归口管理。

第十六条　国家对计算机信息系统安全专用产品的销售实行许可证制度。具体办法由公安部会同有关部门制定。

第三章　安全监督

第十七条　公安机关对计算机信息系统安全保护工作行使下列监督职权：

(一)监督、检查、指导计算机信息系统安全保护工作；

(二)查处危害计算机信息系统安全的违法犯罪案件；

(三)履行计算机信息系统安全保护工作的其他监督职责。

第十八条　公安机关发现影响计算机信息系统安全的隐患时，应当及时通知使用单位采取安全保护措施。

第十九条　公安部在紧急情况下，可以就涉及计算机信息系统安全的特定事项发布专项通令。

第四章　法律责任

第二十条　违反本条例的规定，有下列行为之一的，由公安机关处以警告或者停机整顿：

(一)违反计算机信息系统安全等级保护制度，危害计算机信息系统安全的；

(二)违反计算机信息系统国际联网备案制度的；

(三)不按照规定时间报告计算机信息系统中发生的案件的；

(四)接到公安机关要求改进安全状况的通知后，在限期内拒不改进的；

(五)有危害计算机信息系统安全的其他行为的。

第二十一条　计算机机房不符合国家标准和国家其他有关规定的，或者在计算机机房附近施工危害计算机信息系统安全的，由公安机关会同有关单位进行处理。

第二十二条　运输、携带、邮寄计算机信息媒体进出境，不如实向海关申报的，由海关依照《中华人民共和国海关法》和本条例以及其他有关法律、法规的规定处理。

第二十三条　故意输入计算机病毒以及其他有害数据危害计算机信息系统安全的，或者未经许可出售计算机信息系统安全专用产品的，由公安机关处以警告或者对个人处以5 000元以下的罚款、对单位处以 15 000 元以下的罚款；有违法所得的，除予以没收外，可以处以违法所得 1 至 3 倍的罚款。

第二十四条　违反本条例的规定，构成违反治安管理行为的，依照《中华人民共和国治安管理处罚条例》的有关规定处罚；构成犯罪的，依法追究刑事责任。

第二十五条　任何组织或者个人违反本条例的规定，给国家、集体或者他人财产造成损失的，应当依法承担民事责任。

第二十六条　当事人对公安机关依照本条例所作出的具体行政行为不服的，可以依法申请行政复议或者提起行政诉讼。

第二十七条　执行本条例的国家公务员利用职权，索取、收受贿赂或者有其他违法、失职行为，构成犯罪的，依法追究刑事责任；尚不构成犯罪的，给予行政处分。

第五章　附　则

第二十八条　本条例下列用语的含义：

计算机病毒，是指编制或者在计算机程序中插入的破坏计算机功能或者毁坏数据，影响计算机使用，并能自我复制的一组计算机指令或者程序代码。

计算机信息系统安全专用产品，是指用于保护计算机信息系统安全的专用硬件和软件产品。

第二十九条　军队的计算机信息系统安全保护工作，按照军队的有关法规执行。

第三十条　公安部可以根据本条例制定实施办法。

第三十一条　本条例自发布之日起施行。

中华人民共和国
计算机信息网络国际联网管理暂行规定实施办法

(1997 年 12 月 8 日国务院信息化工作领导小组审定)

第一条　为了加强对计算机信息网络国际联网的管理，保障国际计算机信息交流的健康发展，根据《中华人民共和国计算机信息网络国际联网管理暂行规定》(以下简称《暂行规定》)，制定本办法。

第二条　中华人民共和国境内的计算机信息网络进行国际联网，依照本办法办理。

第三条　本办法下列用语的含义是：

(1)国际联网，是指中华人民共和国境内的计算机互联网络、专业计算机信息网络、企业计算机信息网络，以及其他通过专线进行国际联网的计算机信息网络同外国的计算机信息网络相联接。

(2)接入网络，是指通过接入互联网络进行国际联网的计算机信息网络；接入网络可以是多级联接的网络。

(3)国际出入口信道，是指国际联网所使用的物理信道。

(4)用户，是指通过接入网络进行国际联网的个人、法人和其他组织；个人用户是指具有联网账号的个人。

(5)专业计算机信息网络，是指为行业服务的专用计算机信息网络。

(6)企业计算机信息网络，是指企业内部自用的计算机信息网络。

第四条 国家对国际联网的建设布局、资源利用进行统筹规划。国际联网采用国家统一制定的技术标准、安全标准、资费政策，以利于提高服务质量和水平。国际联网实行分级管理，即对互联单位、接入单位、用户实行逐级管理，对国际出入口信道统一管理。国家鼓励在国际联网服务中公平、有序地竞争，提倡资源共享，促进健康发展。

第五条 国务院信息化工作领导小组办公室负责组织、协调有关部门制定国际联网的安全、经营、资费、服务等规定和标准的工作，并对执行情况进行检查监督。

第六条 中国互联网络信息中心提供互联网络地址、域名、网络资源目录管理和有关的信息服务。

第七条 我国境内的计算机信息网络直接进行国际联网，必须使用邮电部国家公用电信网提供的国际出入口信道。任何单位和个人不得自行建立或者使用其他信道进行国际联网。

第八条 已经建立的中国公用计算机互联网、中国金桥信息网、中国教育和科研计算机网、中国科学技术网等四个互联网络，分别由邮电部、电子工业部、国家教育委员会和中国科学院管理。中国公用计算机互联网、中国金桥信息网为经营性互联网络；中国教育和科研计算机网、中国科学技术网为公益性互联网络。经营性互联网络应当享受同等的资费政策和技术支撑条件。公益性互联网络是指为社会提供公益服务的，不以盈利为目的的互联网络。公益性互联网络所使用信道的资费应当享受优惠政策。

第九条 新建互联网络，必须经部(委)级行政主管部门批准后，向国务院信息化工作领导小组提交互联单位申请书和互联网络可行性报告，由国务院信息化工作领导小组审议提出意见并报国务院批准。互联网络可行性报告的主要内容应当包括：网络服务性质和范围、网络技术方案、经济分析、管理办法和安全措施等。

第十条 接入网络必须通过互联网络进行国际联网，不得以其他方式进行国际联网。接入单位必须具备《暂行规定》第九条规定的条件，并向互联单位主管部门或者主管单位提交接入单位申请书和接入网络可行性报告。互联单位主管部门或者主管单位应当在收到接入单位申请书后 20 个工作日内，将审批意见以书面形式通知申请单位。接入网络可行性报告的主要内容应当包括：网络服务性质和范围、网络技术方案、经济分析、管理制度和安全措施等。

第十一条 对从事国际联网经营活动的接入单位(以下简称经营性接入单位)实行国际联网经营许可证(以下简称经营许可证)制度。经营许可证的格式由国务院信息化工作领导小组统一制定。经营许可证由经营性互联单位主管部门颁发，报国务院信息化工作领导小组办公室备案。互联单位主管部门对经营性接入单位实行年检制度。跨省(区)、市经营的接入单位应当向经营性互联单位主管部门申请领取国际联网经营许可证。在本省(区)、市内经营的接入单位应当向经营性互联单位主管部门或者经其授权的省级主管部门申请领取国际联网经营许可证。经营性接入单位凭经营许可证到国家工商行政管理机关办理登记注册手续，向提供电信服务的企业办理所需通信线路手续。提供电信服务的企业应当在 30 个工作日内为接入单位提供通信线路和相关服务。

第十二条 个人、法人和其他组织用户使用的计算机或者计算机信息网络必须通过接入网络进行国际联网，不得以其他方式进行国际联网。

第十三条　用户向接入单位申请国际联网时，应当提供有效身份证明或者其他证明文件，并填写用户登记表。接入单位应当在收到用户申请后5个工作日内，以书面形式答复用户。

第十四条　邮电部根据《暂行规定》和本办法制定国际联网出入口信道管理办法，报国务院信息化工作领导小组备案。各互联单位主管部门或者主管单位根据《暂行规定》和本办法制定互联网络管理办法，报国务院信息化工作领导小组备案。

第十五条　接入单位申请书、用户登记表的格式由互联单位主管部门按照本办法的要求统一制定。

第十六条　国际出入口信道提供单位有责任向互联单位提供所需的国际出入口信道和公平、优质、安全的服务，并定期收取信道使用费。互联单位开通或扩充国际出入口信道，应当到国际出入口信道提供单位办理有关信道开通或扩充手续，并报国务院信息化工作领导小组办公室备案。国际出入口信道提供单位在接到互联单位的申请后，应当在100个工作日内为互联单位开通所需的国际出入口信道。国际出入口信道提供单位与互联单位应当签订相应的协议，严格履行各自的责任和义务。

第十七条　国际出入口信道提供单位、互联单位和接入单位必须建立网络管理中心，健全管理制度，做好网络信息安全管理工作。互联单位应当与接入单位签订协议，加强对本网络和接入网络的管理；负责接入单位有关国际联网的技术培训和管理教育工作；为接入单位提供公平、优质、安全的服务；按照国家有关规定向接入单位收取联网接入费用。接入单位应当服从互联单位和上级接入单位的管理；与下级接入单位签订协议，与用户签订用户守则，加强对下级接入单位和用户的管理；负责下级接入单位和用户的管理教育、技术咨询和培训工作；为下级接入单位和用户提供公平、优质、安全的服务；按照国家有关规定向下级接入单位和用户收取费用。

第十八条　用户应当服从接入单位的管理，遵守用户守则；不得擅自进入未经许可的计算机系统，篡改他人信息；不得在网络上散发恶意信息，冒用他人名义发出信息，侵犯他人隐私；不得制造、传播计算机病毒及从事其他侵犯网络和他人合法权益的活动。用户有权获得接入单位提供的各项服务；有义务缴纳费用。

第十九条　国际出入口信道提供单位、互联单位和接入单位应当保存与其服务相关的所有信息资料；在国务院信息化工作领导小组办公室和有关主管部门进行检查时，应当及时提供有关信息资料。国际出入口信道提供单位、互联单位每年2月份向国务院信息化工作领导小组办公室提交上一年度有关网络运行、业务发展、组织管理的报告。

第二十条　互联单位、接入单位和用户应当遵守国家有关法律、行政法规，严格执行国家安全保密制度；不得利用国际联网从事危害国家安全、泄露国家秘密等违法犯罪活动，不得制作、查阅、复制和传播妨碍社会治安和淫秽色情等有害信息；发现有害信息应当及时向有关主管部门报告，并采取有效措施，不得使其扩散。

第二十一条　进行国际联网的专业计算机信息网络不得经营国际互联网络业务。企业计算机信息网络和其他通过专线进行国际联网的计算机信息网络，只限于内部使用。负责专业计算机信息网络、企业计算机信息网络和其他通过专线进行国际联网的计算机信息网络运行的单位，应当参照本办法建立网络管理中心，健全管理制度，做好网络信息安全管理工作。

第二十二条　违反本办法第七条和第十条第一款规定的，由公安机关责令停止联网，可以并处 15 000 元以下罚款；有违法所得的，没收违法所得。违反本办法第十一条规定的，未领取国际联网经营许可证从事国际联网经营活动的，由公安机关给予警告，限期办理经营许可证；在限期内不办理经营许可证的，责令停止联网；有违法所得的，没收违法所得。违反本办法第十二条规定的，对个人由公安机关处 5 000 元以下的罚款；对法人和其他组织用户由公安机关给予警告，可以并处 15 000 元以下的罚款。违反本办法第十八条第一款规定的，由公安机关根据有关法规予以处罚。违反本办法第二十一条第一款规定的，由公安机关给予警告，可以并处 15 000 元以下的罚款；有违法所得的，没收违法所得。违反本办法第二十一条第二款规定的，由公安机关给予警告，可以并处 15 000 元以下的罚款；有违法所得的，没收违法所得。

第二十三条　违反《暂行规定》及本办法，同时触犯其他有关法律、行政法规的，依照有关法律、行政法规的规定予以处罚；构成犯罪的，依法追究刑事责任。

第二十四条　与香港特别行政区和台湾、澳门地区的计算机信息网络的联网，参照本办法执行。

第二十五条　本办法自颁布之日起施行。

计算机病毒防治管理办法

中华人民共和国公安部令
(第 51 号)

《计算机病毒防治管理办法》已经 2000 年 3 月 30 日公安部部长办公会议通过，现予发布施行。

公安部部长　贾春旺
二〇〇〇年四月二十六日

第一条　为了加强对计算机病毒的预防和治理，保护计算机信息系统安全，保障计算机的应用与发展，根据《中华人民共和国计算机信息系统安全保护条例》的规定，制定本办法。

第二条　本办法所称的计算机病毒，是指编制或者在计算机程序中插入的破坏计算机功能或者毁坏数据，影响计算机使用，并能自我复制的一组计算机指令或者程序代码。

第三条　中华人民共和国境内的计算机信息系统以及未联网计算机的计算机病毒防治管理工作，适用本办法。

第四条　公安部公共信息网络安全监察部门主管全国的计算机病毒防治管理工作。

地方各级公安机关具体负责本行政区域内的计算机病毒防治管理工作。

第五条　任何单位和个人不得制作计算机病毒。

第六条　任何单位和个人不得有下列传播计算机病毒的行为：

(一)故意输入计算机病毒，危害计算机信息系统安全；

(二)向他人提供含有计算机病毒的文件、软件、媒体；

(三)销售、出租、附赠含有计算机病毒的媒体；

(四)其他传播计算机病毒的行为。

第七条　任何单位和个人不得向社会发布虚假的计算机病毒疫情。

第八条　从事计算机病毒防治产品生产的单位，应当及时向公安部公共信息网络安全监察部门批准的计算机病毒防治产品检测机构提交病毒样本。

第九条　计算机病毒防治产品检测机构应当对提交的病毒样本及时进行分析、确认，并将确认结果上报公安部公共信息网络安全监察部门。

第十条　对计算机病毒的认定工作，由公安部公共信息网络安全监察部门批准的机构承担。

第十一条　计算机信息系统的使用单位在计算机病毒防治工作中应当履行下列职责：

(一)建立本单位的计算机病毒防治管理制度；

(二)采取计算机病毒安全技术防治措施；

(三)对本单位计算机信息系统使用人员进行计算机病毒防治教育和培训；

(四)及时检测、清除计算机信息系统中的计算机病毒，并备有检测、清除的记录；

(五)使用具有计算机信息系统安全专用产品销售许可证的计算机病毒防治产品；

(六)对因计算机病毒引起的计算机信息系统瘫痪、程序和数据严重破坏等重大事故及时向公安机关报告，并保护现场。

第十二条　任何单位和个人在从计算机信息网络上下载程序、数据或者购置、维修、借入计算机设备时，应当进行计算机病毒检测。

第十三条　任何单位和个人销售、附赠的计算机病毒防治产品，应当具有计算机信息系统安全专用产品销售许可证，并贴有"销售许可"标记。

第十四条　从事计算机设备或者媒体生产、销售、出租、维修行业的单位和个人，应当对计算机设备或者媒体进行计算机病毒检测、清除工作，并备有检测、清除的记录。

第十五条　任何单位和个人应当接受公安机关对计算机病毒防治工作的监督、检查和指导。

第十六条　在非经营活动中有违反本办法第五条、第六条第二、三、四项规定行为之一的，由公安机关处以一千元以下罚款。

在经营活动中有违反本办法第五条、第六条第二、三、四项规定行为之一，没有违法所得的，由公安机关对单位处以一万元以下罚款，对个人处以五千元以下罚款；有违法所得的，处以违法所得三倍以下罚款，但是最高不得超过三万元。

违反本办法第六条第一项规定的，依照《中华人民共和国计算机信息系统安全保护条例》第二十三条的规定处罚。

第十七条　违反本办法第七条、第八条规定行为之一的，由公安机关对单位处以一千元以下罚款，对单位直接负责的主管人员和直接责任人员处以五百元以下罚款；对个人处以五百元以下罚款。

第十八条 违反本办法第九条规定的，由公安机关处以警告，并责令其限期改正；逾期不改正的，取消其计算机病毒防治产品检测机构的检测资格。

第十九条 计算机信息系统的使用单位有下列行为之一的，由公安机关处以警告，并根据情况责令其限期改正；逾期不改正的，对单位处以一千元以下罚款，对单位直接负责的主管人员和直接责任人员处以五百元以下罚款：

(一)未建立本单位计算机病毒防治管理制度的；

(二)未采取计算机病毒安全技术防治措施的；

(三)未对本单位计算机信息系统使用人员进行计算机病毒防治教育和培训的；

(四)未及时检测、清除计算机信息系统中的计算机病毒，对计算机信息系统造成危害的；

(五)未使用具有计算机信息系统安全专用产品销售许可证的计算机病毒防治产品，对计算机信息系统造成危害的。

第二十条 违反本办法第十四条规定，没有违法所得的，由公安机关对单位处以一万元以下罚款，对个人处以五千元以下罚款；有违法所得的，处以违法所得三倍以下罚款，但是最高不得超过三万元。

第二十一条 本办法所称计算机病毒疫情，是指某种计算机病毒暴发、流行的时间、范围、破坏特点、破坏后果等情况的报告或者预报。

本办法所称媒体，是指计算机软盘、硬盘、磁带、光盘等。

第二十二条 本办法自发布之日起施行。

信息安全等级保护管理办法

公通字[2007]43 号

第一章 总 则

第一条 为规范信息安全等级保护管理，提高信息安全保障能力和水平，维护国家安全、社会稳定和公共利益，保障和促进信息化建设，根据《中华人民共和国计算机信息系统安全保护条例》等有关法律法规，制定本办法。

第二条 国家通过制定统一的信息安全等级保护管理规范和技术标准，组织公民、法人和其他组织对信息系统分等级实行安全保护，对等级保护工作的实施进行监督、管理。

第三条 公安机关负责信息安全等级保护工作的监督、检查、指导。国家保密工作部门负责等级保护工作中有关保密工作的监督、检查、指导。国家密码管理部门负责等级保护工作中有关密码工作的监督、检查、指导。涉及其他职能部门管辖范围的事项，由有关职能部门依照国家法律法规的规定进行管理。国务院信息化工作办公室及地方信息化领导小组办事机构负责等级保护工作的部门间协调。

第四条 信息系统主管部门应当依照本办法及相关标准规范，督促、检查、指导本行业、本部门或者本地区信息系统运营、使用单位的信息安全等级保护工作。

第五条 信息系统的运营、使用单位应当依照本办法及其相关标准规范，履行信息安全等级保护的义务和责任。

第二章 等级划分与保护

第六条 国家信息安全等级保护坚持自主定级、自主保护的原则。信息系统的安全保护等级应当根据信息系统在国家安全、经济建设、社会生活中的重要程度，信息系统遭到破坏后对国家安全、社会秩序、公共利益以及公民、法人和其他组织的合法权益的危害程度等因素确定。

第七条 信息系统的安全保护等级分为以下五级：

第一级，信息系统受到破坏后，会对公民、法人和其他组织的合法权益造成损害，但不损害国家安全、社会秩序和公共利益。

第二级，信息系统受到破坏后，会对公民、法人和其他组织的合法权益产生严重损害，或者对社会秩序和公共利益造成损害，但不损害国家安全。

第三级，信息系统受到破坏后，会对社会秩序和公共利益造成严重损害，或者对国家安全造成损害。

第四级，信息系统受到破坏后，会对社会秩序和公共利益造成特别严重损害，或者对国家安全造成严重损害。

第五级，信息系统受到破坏后，会对国家安全造成特别严重损害。

第八条 信息系统运营、使用单位依据本办法和相关技术标准对信息系统进行保护，国家有关信息安全监管部门对其信息安全等级保护工作进行监督管理。

第一级信息系统运营、使用单位应当依据国家有关管理规范和技术标准进行保护。

第二级信息系统运营、使用单位应当依据国家有关管理规范和技术标准进行保护。国家信息安全监管部门对该级信息系统信息安全等级保护工作进行指导。

第三级信息系统运营、使用单位应当依据国家有关管理规范和技术标准进行保护。国家信息安全监管部门对该级信息系统信息安全等级保护工作进行监督、检查。

第四级信息系统运营、使用单位应当依据国家有关管理规范、技术标准和业务专门需求进行保护。国家信息安全监管部门对该级信息系统信息安全等级保护工作进行强制监督、检查。

第五级信息系统运营、使用单位应当依据国家管理规范、技术标准和业务特殊安全需求进行保护。国家指定专门部门对该级信息系统信息安全等级保护工作进行专门监督、检查。

第三章 等级保护的实施与管理

第九条 信息系统运营、使用单位应当按照《信息系统安全等级保护实施指南》具体实施等级保护工作。

第十条 信息系统运营、使用单位应当依据本办法和《信息系统安全等级保护定级指南》确定信息系统的安全保护等级。有主管部门的，应当经主管部门审核批准。

跨省或者全国统一联网运行的信息系统可以由主管部门统一确定安全保护等级。

对拟确定为第四级以上信息系统的，运营、使用单位或者主管部门应当请国家信息安全保护等级专家评审委员会评审。

第十一条 信息系统的安全保护等级确定后，运营、使用单位应当按照国家信息安全等级保护管理规范和技术标准，使用符合国家有关规定，满足信息系统安全保护等级需求的信息技术产品，开展信息系统安全建设或者改建工作。

第十二条 在信息系统建设过程中，运营、使用单位应当按照《计算机信息系统安全保护等级划分准则》(GB17859—1999)、《信息系统安全等级保护基本要求》等技术标准，参照《信息安全技术　信息系统通用安全技术要求》(GB/T20271—2006)、《信息安全技术　网络基础安全技术要求》(GB/T20270—2006)、《信息安全技术　操作系统安全技术要求》(GB/T20272—2006)、《信息安全技术　数据库管理系统安全技术要求》(GB/T20273—2006)、《信息安全技术　服务器技术要求》、《信息安全技术　终端计算机系统安全等级技术要求》(GA/T671—2006)等技术标准同步建设符合该等级要求的信息安全设施。

第十三条 运营、使用单位应当参照《信息安全技术　信息系统安全管理要求》(GB/T20269—2006)、《信息安全技术　信息系统安全工程管理要求》(GB/T20282—2006)、《信息系统安全等级保护基本要求》等管理规范，制定并落实符合本系统安全保护等级要求的安全管理制度。

第十四条 信息系统建设完成后，运营、使用单位或者其主管部门应当选择符合本办法规定条件的测评机构，依据《信息系统安全等级保护测评要求》等技术标准，定期对信息系统安全等级状况开展等级测评。第三级信息系统应当每年至少进行一次等级测评，第四级信息系统应当每半年至少进行一次等级测评，第五级信息系统应当依据特殊安全需求进行等级测评。

信息系统运营、使用单位及其主管部门应当定期对信息系统安全状况、安全保护制度及措施的落实情况进行自查。第三级信息系统应当每年至少进行一次自查，第四级信息系统应当每半年至少进行一次自查，第五级信息系统应当依据特殊安全需求进行自查。

经测评或者自查，信息系统安全状况未达到安全保护等级要求的，运营、使用单位应当制定方案进行整改。

第十五条 已运营(运行)的第二级以上信息系统，应当在安全保护等级确定后30日内，由其运营、使用单位到所在地设区的市级以上公安机关办理备案手续。

新建第二级以上信息系统，应当在投入运行后30日内，由其运营、使用单位到所在地设区的市级以上公安机关办理备案手续。

隶属于中央的在京单位，其跨省或者全国统一联网运行并由主管部门统一定级的信息系统，由主管部门向公安部办理备案手续。跨省或者全国统一联网运行的信息系统在各地运行、应用的分支系统，应当向当地设区的市级以上公安机关备案。

第十六条 办理信息系统安全保护等级备案手续时，应当填写《信息系统安全等级保护备案表》，第三级以上信息系统应当同时提供以下材料：

(一)系统拓扑结构及说明；

(二)系统安全组织机构和管理制度；

(三)系统安全保护设施设计实施方案或者改建实施方案；

(四)系统使用的信息安全产品清单及其认证、销售许可证明；

(五)测评后符合系统安全保护等级的技术检测评估报告；

(六)信息系统安全保护等级专家评审意见；

(七)主管部门审核批准信息系统安全保护等级的意见。

第十七条　信息系统备案后，公安机关应当对信息系统的备案情况进行审核，对符合等级保护要求的，应当在收到备案材料之日起的 10 个工作日内颁发信息系统安全等级保护备案证明；发现不符合本办法及有关标准的，应当在收到备案材料之日起的 10 个工作日内通知备案单位予以纠正；发现定级不准的，应当在收到备案材料之日起的 10 个工作日内通知备案单位重新审核确定。运营、使用单位或者主管部门重新确定信息系统等级后，应当按照本办法向公安机关重新备案。

第十八条　受理备案的公安机关应当对第三级、第四级信息系统的运营、使用单位的信息安全等级保护工作情况进行检查。对第三级信息系统每年至少检查一次，对第四级信息系统每半年至少检查一次。对跨省或者全国统一联网运行的信息系统的检查，应当会同其主管部门进行。

对第五级信息系统，应当由国家指定的专门部门进行检查。

公安机关、国家指定的专门部门应当对下列事项进行检查：

(一)信息系统安全需求是否发生变化，原定保护等级是否准确；

(二)运营、使用单位安全管理制度、措施的落实情况；

(三)运营、使用单位及其主管部门对信息系统安全状况的检查情况；

(四)系统安全等级测评是否符合要求；

(五)信息安全产品使用是否符合要求；

(六)信息系统安全整改情况；

(七)备案材料与运营、使用单位、信息系统的符合情况；

(八)其他应当进行监督检查的事项。

第十九条　信息系统运营、使用单位应当接受公安机关、国家指定的专门部门的安全监督、检查、指导，如实向公安机关、国家指定的专门部门提供下列有关信息安全保护的信息资料及数据文件：

(一)信息系统备案事项变更情况；

(二)安全组织、人员的变动情况；

(三)信息安全管理制度、措施变更情况；

(四)信息系统运行状况记录；

(五)运营、使用单位及主管部门定期对信息系统安全状况的检查记录；

(六)对信息系统开展等级测评的技术测评报告；

(七)信息安全产品使用的变更情况；

(八)信息安全事件应急预案，信息安全事件应急处置结果报告；

(九)信息系统安全建设、整改结果报告。

第二十条　公安机关检查发现信息系统安全保护状况不符合信息安全等级保护有关管理规范和技术标准的，应当向运营、使用单位发出整改通知。运营、使用单位应当根据整改通知要求，按照管理规范和技术标准进行整改。整改完成后，应当将整改报告向公安机关备案。必要时，公安机关可以对整改情况组织检查。

第二十一条 第三级以上信息系统应当选择使用符合以下条件的信息安全产品：

(一)产品研制、生产单位是由中国公民、法人投资或者国家投资或者控股的，在中华人民共和国境内具有独立的法人资格；

(二)产品的核心技术、关键部件具有我国自主知识产权；

(三)产品研制、生产单位及其主要业务、技术人员无犯罪记录；

(四)产品研制、生产单位声明没有故意留有或者设置漏洞、后门、木马等程序和功能；

(五)对国家安全、社会秩序、公共利益不构成危害；

(六)对已列入信息安全产品认证目录的，应当取得国家信息安全产品认证机构颁发的认证证书。

第二十二条 第三级以上信息系统应当选择符合下列条件的等级保护测评机构进行测评：

(一)在中华人民共和国境内注册成立(港澳台地区除外)；

(二)由中国公民投资、中国法人投资或者国家投资的企事业单位(港澳台地区除外)；

(三)从事相关检测评估工作两年以上，无违法记录；

(四)工作人员仅限于中国公民；

(五)法人及主要业务、技术人员无犯罪记录；

(六)使用的技术装备、设施应当符合本办法对信息安全产品的要求；

(七)具有完备的保密管理、项目管理、质量管理、人员管理和培训教育等安全管理制度；

(八)对国家安全、社会秩序、公共利益不构成威胁。

第二十三条 从事信息系统安全等级测评的机构，应当履行下列义务：

(一)遵守国家有关法律法规和技术标准，提供安全、客观、公正的检测评估服务，保证测评的质量和效果；

(二)保守在测评活动中知悉的国家秘密、商业秘密和个人隐私，防范测评风险；

(三)对测评人员进行安全保密教育，与其签订安全保密责任书，规定应当履行的安全保密义务和承担的法律责任，并负责检查落实。

第四章 涉及国家秘密信息系统的分级保护管理

第二十四条 涉密信息系统应当依据国家信息安全等级保护的基本要求，按照国家保密工作部门有关涉密信息系统分级保护的管理规定和技术标准，结合系统实际情况进行保护。

非涉密信息系统不得处理国家秘密信息。

第二十五条 涉密信息系统按照所处理信息的最高密级，由低到高分为秘密、机密、绝密三个等级。

涉密信息系统建设使用单位应当在信息规范定密的基础上，依据涉密信息系统分级保护管理办法和国家保密标准 BMB17—2006《涉及国家秘密的计算机信息系统分级保护技术要求》确定系统等级。对于包含多个安全域的涉密信息系统，各安全域可以分别确定保护等级。

保密工作部门和机构应当监督指导涉密信息系统建设使用单位准确、合理地进行系统定级。

第二十六条 涉密信息系统建设使用单位应当将涉密信息系统定级和建设使用情况，及时上报业务主管部门的保密工作机构和负责系统审批的保密工作部门备案，并接受保密部门的监督、检查、指导。

第二十七条 涉密信息系统建设使用单位应当选择具有涉密集成资质的单位承担或者参与涉密信息系统的设计与实施。

涉密信息系统建设使用单位应当依据涉密信息系统分级保护管理规范和技术标准，按照秘密、机密、绝密三级的不同要求，结合系统实际进行方案设计，实施分级保护，其保护水平总体上不低于国家信息安全等级保护第三级、第四级、第五级的水平。

第二十八条 涉密信息系统使用的信息安全保密产品原则上应当选用国产品，并应当通过国家保密局授权的检测机构依据有关国家保密标准进行的检测，通过检测的产品由国家保密局审核发布目录。

第二十九条 涉密信息系统建设使用单位在系统工程实施结束后，应当向保密工作部门提出申请，由国家保密局授权的系统测评机构依据国家保密标准 BMB22—2007《涉及国家秘密的计算机信息系统分级保护测评指南》，对涉密信息系统进行安全保密测评。

涉密信息系统建设使用单位在系统投入使用前，应当按照《涉及国家秘密的信息系统审批管理规定》，向设区的市级以上保密工作部门申请进行系统审批，涉密信息系统通过审批后方可投入使用。已投入使用的涉密信息系统，其建设使用单位在按照分级保护要求完成系统整改后，应当向保密工作部门备案。

第三十条 涉密信息系统建设使用单位在申请系统审批或者备案时，应当提交以下材料：

(一)系统设计、实施方案及审查论证意见；

(二)系统承建单位资质证明材料；

(三)系统建设和工程监理情况报告；

(四)系统安全保密检测评估报告；

(五)系统安全保密组织机构和管理制度情况；

(六)其他有关材料。

第三十一条 涉密信息系统发生涉密等级、连接范围、环境设施、主要应用、安全保密管理责任单位变更时，其建设使用单位应当及时向负责审批的保密工作部门报告。保密工作部门应当根据实际情况，决定是否对其重新进行测评和审批。

第三十二条 涉密信息系统建设使用单位应当依据国家保密标准 BMB20—2007《涉及国家秘密的信息系统分级保护管理规范》，加强涉密信息系统运行中的保密管理，定期进行风险评估，消除泄密隐患和漏洞。

第三十三条 国家和地方各级保密工作部门依法对各地区、各部门涉密信息系统分级保护工作实施监督管理，并做好以下工作：

(一)指导、监督和检查分级保护工作的开展；

(二)指导涉密信息系统建设使用单位规范信息定密，合理确定系统保护等级；

(三)参与涉密信息系统分级保护方案论证，指导建设使用单位做好保密设施的同步规划设计；

(四)依法对涉密信息系统集成资质单位进行监督管理；

(五)严格进行系统测评和审批工作，监督检查涉密信息系统建设使用单位分级保护管理制度和技术措施的落实情况；

(六)加强涉密信息系统运行中的保密监督检查。对秘密级、机密级信息系统每两年至少进行一次保密检查或者系统测评，对绝密级信息系统每年至少进行一次保密检查或者系统测评；

(七)了解掌握各级各类涉密信息系统的管理使用情况，及时发现和查处各种违规违法行为和泄密事件。

第五章　信息安全等级保护的密码管理

第三十四条　国家密码管理部门对信息安全等级保护的密码实行分类分级管理。根据被保护对象在国家安全、社会稳定、经济建设中的作用和重要程度，被保护对象的安全防护要求和涉密程度，被保护对象被破坏后的危害程度以及密码使用部门的性质等，确定密码的等级保护准则。

信息系统运营、使用单位采用密码进行等级保护的，应当遵照《信息安全等级保护密码管理办法》、《信息安全等级保护商用密码技术要求》等密码管理规定和相关标准。

第三十五条　信息系统安全等级保护中密码的配备、使用和管理等，应当严格执行国家密码管理的有关规定。

第三十六条　信息系统运营、使用单位应当充分运用密码技术对信息系统进行保护。采用密码对涉及国家秘密的信息和信息系统进行保护的，应报经国家密码管理局审批，密码的设计、实施、使用、运行维护和日常管理等，应当按照国家密码管理有关规定和相关标准执行；采用密码对不涉及国家秘密的信息和信息系统进行保护的，须遵守《商用密码管理条例》和密码分类分级保护有关规定与相关标准，其密码的配备使用情况应当向国家密码管理机构备案。

第三十七条　运用密码技术对信息系统进行系统等级保护建设和整改的，必须采用经国家密码管理部门批准使用或者准予销售的密码产品进行安全保护，不得采用国外引进或者擅自研制的密码产品；未经批准不得采用含有加密功能的进口信息技术产品。

第三十八条　信息系统中的密码及密码设备的测评工作由国家密码管理局认可的测评机构承担，其他任何部门、单位和个人不得对密码进行评测和监控。

第三十九条　各级密码管理部门可以定期或者不定期对信息系统等级保护工作中密码配备、使用和管理的情况进行检查和测评，对重要涉密信息系统的密码配备、使用和管理情况每两年至少进行一次检查和测评。在监督检查过程中，发现存在安全隐患或者违反密码管理相关规定或者未达到密码相关标准要求的，应当按照国家密码管理的相关规定进行处置。

第六章　　法律责任

第四十条　第三级以上信息系统运营、使用单位违反本办法规定，有下列行为之一的，由公安机关、国家保密工作部门和国家密码工作管理部门按照职责分工责令其限期改正；逾期不改正的，给予警告，并向其上级主管部门通报情况，建议对其直接负责的主管人员和其他直接责任人员予以处理，并及时反馈处理结果：

（一）未按本办法规定备案、审批的；

（二）未按本办法规定落实安全管理制度、措施的；

（三）未按本办法规定开展系统安全状况检查的；

（四）未按本办法规定开展系统安全技术测评的；

（五）接到整改通知后，拒不整改的；

（六）未按本办法规定选择使用信息安全产品和测评机构的；

（七）未按本办法规定如实提供有关文件和证明材料的；

（八）违反保密管理规定的；

（九）违反密码管理规定的；

（十）违反本办法其他规定的。

违反前款规定，造成严重损害的，由相关部门依照有关法律、法规予以处理。

第四十一条　信息安全监管部门及其工作人员在履行监督管理职责中，玩忽职守、滥用职权、徇私舞弊的，依法给予行政处分；构成犯罪的，依法追究刑事责任。

第七章　　附　　则

第四十二条　已运行信息系统的运营、使用单位自本办法施行之日起 180 日内确定信息系统的安全保护等级；新建信息系统在设计、规划阶段确定安全保护等级。

第四十三条　本办法所称"以上"包含本数（级）。

第四十四条　本办法自发布之日起施行，《信息安全等级保护管理办法(试行)》(公通字[2006]7 号)同时废止。

小浪底建管局计算机网络及信息安全管理办法

第一章　　总　　则

第一条　为加强小浪底建管局(以下简称局)计算机网络和信息安全管理，特制定本办法。

第二条　本办法中的计算机网络及信息系统包括全局骨干网络、二级子网及各种公用、专业信息系统。

第二章　　计算机网络系统规划与管理

第三条　局计算机网络系统按"统一规划、统一管理、分级维护"的原则进行管理和维护。

第四条 局办公室负责全局计算机网络的统一规划工作，包括设备规划、线路规划、安全规划、VLAN 规划和 IP 地址规划等。

第五条 局办公室负责全局计算机网络的统一管理工作，包括因特网接口管理、网络设备的配置管理、IP 地址管理和网络安全管理等。

第六条 局办公室负责全局所有网络设备(含二级单位和生活区域网络设备)的参数配置和密码管理，其他部门未经允许不得更改网络设备的参数和密码。

第七条 网络系统使用统一的网络协议，采用固定 IP 地址管理。局办公室负责各网段 IP 地址的分配和管理，各使用单位根据计算机的增减向局办公室提出 IP 地址申请。办公区网络端口 IP 地址经过固定后，各单位(部门)对通过本部门 IP 地址安全上网情况负责。生活区网络端口 IP 地址固定后，使用该 IP 地址的本人对安全上网情况负责。各宾馆客房网络端口 IP 地址固定后，宾馆总经理对宾馆客房端口的安全上网情况负责。

第八条 全局骨干网(主要包括郑州生产调度中心、小浪底水利枢纽管理区办公楼等)的建设与升级工作由局办公室根据规划，制定建设与升级方案，报局批准后，负责组织实施。

第九条 其他涉及计算机网络系统建设与升级的项目，报相关部门进行立项审批前，先由局办公室审查设备配置方案及网络布线方案；项目实施过程中，局办公室负责设备的参数设置和密码设置；项目实施完成后，局办公室作为网络管理单位参加该项目的验收工作，项目建设单位(部门)同时向局办公室提交网络设备和布线等相关资料。

第十条 与局办公网络物理隔离的生产专用网络的规划、建设、管理、维护由相关生产部门负责。如生产专用网络需与局办公网络联接时，应报局办公室审核，同意后方可联接。

第十一条 网络设备安装固定后，各单位(部门)不得随意挪动、挪用配备的网络设备，如确需挪动或挪用，应与局办公室及时联系，经确认后方可挪动或挪用。

第十二条 小浪底建管局计算机网络只限于局内部用户使用，局外用户未经批准不得使用局计算机网络。

第十三条 小浪底建管局计算机网络实行有偿使用，综合服务中心负责全局网络信息的收费管理，收费标准按局相关规定执行。

第三章 计算机网络系统维护

第十四条 全局计算机网络的维护工作采用分级负责制。

第十五条 局办公室负责全局骨干网的维护工作，主要包括郑州生产调度中心、小浪底水利枢纽现场管理中心办公楼内计算机网络(包括设备和布线)和各用户计算机的维护，确保骨干网畅通、核心设备稳定运行及所有二级子网接入口畅通。除机关各部门使用的计算机外，其他单位计算机维护时所发生的费用(如更换配件费用、送外维修费用等)，由所在单位支付。

第十六条 综合服务中心负责全局二级子网的维护，主要包括全局生活区(包括郑州生活区，郑州小浪底宾馆，洛阳基地，小浪底水利枢纽管理区生活区等)计算机网络与计算机维护、各二级单位办公所在地(除在郑州生产调度中心、小浪底水利枢纽管理区办公楼办公的单位外)计算机网络和计算机维护。维护网络设备和办公用计算机设备所发生的费用(如更换配件费用、送外维修费用等)由该设备的资产管理部门(或设备保管部门)支付,维护个人计算机所发生的费用由个人支付。

第十七条　各二级单位可以配备专职或兼职信息管理员,维护本部门计算机网络与计算机设备。

第十八条　网络维护部门在维护二级子网过程中,应与网络管理部门积极沟通配合,及时解决二级子网出现的各种问题,确保二级子网的正常运行。

第十九条　网络管理人员或网络维护人员发现影响整个或局部网络正常运行的计算机时,有权先断开该计算机与网络的联接,待该计算机处理正常后方可进行联网。

第二十条　网络管理人员或网络维护人员发现局部网络不能正常运行,且影响到整个网络运行时,有权先断开该部分网络,查明原因并处理正常后方可联入上一级网络。

第二十一条　网络与计算机维护的报修程序为:郑州生产调度中心、小浪底水利枢纽管理区办公楼内的用户向局办公室信息中心报修,其他用户均向综合服务中心通信队报修。

第四章　计算机网络安全管理

第二十二条　全局计算机网络安全管理由局办公室统一负责。

第二十三条　全局计算机网络安全管理严格遵守《互联网信息服务管理办法》、《互联网电子公告服务管理规定》、《中华人民共和国计算机信息网络国际联网管理暂行规定》等国家有关法律法规。

第二十四条　全局计算机网络严格分区、分级管理,合理划分 VLAN,严格设定边界访问策略,严格内部网络、公共服务区和外部网络之间的边界管理。

第二十五条　严格计算机网络互联网接口管理,采用防火墙等安全设备和相关技术手段进行内外网的安全隔离,严格访问控制策略,防止恶意攻击和非法入侵,防止有害信息进入和向外扩散,避免造成不良政治影响。

第二十六条　严格网络服务管理,根据实际需要开通相应的网络服务功能,不得随意增开无关的网络服务,确保内部网的安全。

第二十七条　严格网络设备的配置管理和数据备份,严格密码管理和配置操作程序。加强对关键网络设备的监控管理,防止非授权设备接入,禁止非授权访问。

第二十八条　在内部网安装网络安全监控软件,随时对网络进行检查,发现异常情况,及时做出相应处理。

第二十九条　全局网络用户不得利用计算机网络从事危害国家安全、泄露国家秘密等犯罪活动,不得查阅、制作、复制和传播有碍社会治安和有伤风化的信息。

第三十条　全局网络用户不得进行任何干扰其他网络用户、破坏网络服务和网络设备的活动。如在网络上发布不真实的信息、散布计算机病毒、进入未经授权使用的计算机,未经允许利用他人 IP 地址上网等。

第三十一条　网络应用人员应严格遵守《小浪底建管局计算机网络用户上网守则》(详

见附件),并有义务向网络管理部门报告所有违反《小浪底建管局计算机网络用户上网守则》的行为。

第三十二条 网络管理部门要加强监督管理工作,对网络重要信息记录要按相关规定进行保存,以便掌握网络使用情况,及时追查安全事故责任。

第三十三条 建立健全相应的网络与信息安全应急处置预案。

第五章 计算机信息系统保密管理

第三十四条 根据《中华人民共和国保守国家秘密法》、《河南省计算机信息系统保密管理暂行规定》中计算机信息系统的保密管理要求,实行控制源头、归口管理、分级负责、突出重点、有利发展的原则。

第三十五条 小浪底建管局保密委员会负责指导全局计算机信息系统的保密工作,管理、使用计算机网络的单位(部门)、个人均应遵守保密规定。

第三十六条 涉密计算机信息系统的保密管理实行领导负责制,各涉密计算机信息系统部门的主管领导是保密领导责任人。涉密计算机信息系统的使用人员是保密直接责任人。

第三十七条 涉密信息处理场所和涉密信息系统的硬件设备选择和使用应符合国家标准和行业标准。

第三十八条 涉密计算机信息系统的硬件设备,原则上不得用于其他系统。确需更新、租借、出卖、赠与、报废硬件设备的,必须进行严格的保密技术处理,确认不带有涉密信息,并经局保密委员会批准后方可进行。

第三十九条 涉密计算机信息系统的设备维修,应在局保密委员会指定的定点单位进行维修。

第四十条 涉密计算机信息系统不得直接或间接地与国际互联网或其他公共信息网络相联接,做到"上网的计算机不涉密,涉密的计算机不上网"。

第四十一条 非涉密的计算机信息系统不得采集、储存、处理、传递、输出秘密信息。涉及处理小浪底建管局内部秘密信息的计算机必须严格遵守三项规定:一是必须设置计算机操作系统管理员用户十位以上字母数字混合型强壮密码;二是必须安装杀毒软件与个人防火墙,并定期升级;三是必须对涉及内部信息的文件夹采用指定的加密软件进行加密处理,加密密码不能设置为简单密码。

第四十二条 全局所有的笔记本计算机均不得涉及秘密信息,包括秘密信息采集、储存、处理、传递、输出等。涉及处理小浪底建管局内部秘密信息的笔记本计算机必须严格遵守上述三项规定,并在用后对内部秘密信息进行及时删除。

第四十三条 全局所有的移动存储介质(含移动硬盘、U盘、软盘、光盘等)均不得储存秘密信息。涉及储存小浪底建管局内部秘密信息的移动存储介质,必须对涉密信息进行加密处理。暂时储存内部秘密信息的移动存储介质,要在用后及时删除。

第四十四条 全局所有的复印机、传真机、多功能一体机均不得复印、传真涉密信息。对于内部涉密信息的复印,严格按照《小浪底建管局内部涉密文件管理办法》执行。

第四十五条 任何部门和个人不得将涉密信息(含内部涉密信息)在内部网上共享。

第四十六条　上网信息的保密管理坚持"谁上网谁负责"的原则。凡向国际联网的站点提供或发布信息，必须经过局保密委员会审查批准。

第四十七条　任何单位(部门)和个人不得在国际互联网和内部网的电子公告系统、聊天室、网络新闻组上发布、谈论和传播涉密信息(含内部涉密信息)。用户使用电子邮件进行网上信息交流，应当遵守保密规定，不得利用电子邮件传递、转发或抄送涉密信息(含内部涉密信息)。

第四十八条　任何单位(部门)和个人不得故意破解内部网上其他用户已加密的信息。

第六章　计算机病毒防控管理

第四十九条　局办公室负责制定网络整体病毒防治方案，跟踪计算机病毒防治最新技术手段和软件的及时获取、升级，并负责推广落实。

第五十条　局办公室负责整体网络的计算机病毒检查监测工作，检查标准以当期实施的软件及版本号为准。

第五十一条　网络维护单位的系统维护人员(或各单位、部门兼职信息员)负责所维护区域病毒防治方案的推广落实，指导防病毒软件的安装和操作。

第五十二条　网络维护单位的系统维护人员(或各部门兼职信息员)应定期对所维护区域(或本部门)进行病毒检查。

第五十三条　用户负责本人办公用计算机病毒日常检查与防治、杀毒软件的升级。公用计算机由单位(部门)领导指定本单位(部门)专人负责该计算机的病毒防治、杀毒软件的升级。

第五十四条　各用户应主动配合网络系统管理员和部门信息管理员的病毒防控工作。

第五十五条　凡使用外来媒介、网络下载的文件、内部网发文者，必须先自行进行查、杀病毒，再进行后续工作。

第五十六条　各应用系统维护人员必须定期对服务器进行病毒检测，防止病毒入侵和传播，定期对服务器进行安全漏洞检测，升级服务器系统，安装必要的系统补丁，预防网络安全漏洞。

第五十七条　网络系统管理员、各应用系统维护人员要定期做好系统数据的备份工作，避免造成不必要的损失。

第五十八条　网络管理和维护单位要建立健全值班制度，加强网络设备的运行监控，建立网络系统故障应急处置预案，并加强人员培训，提高管理水平。

第七章　罚　则

第五十九条　局办公室不定期组织对网络管理情况进行检查，对于违反上述规定的部门将在局 OA 网上进行通报，并报送监察部门，由监察部门根据绩效考核办法和责任追究办法处理。

第六十条　对于违反网络安全规定的用户，网络管理单位有权无条件取消其网络使用权。对于发生重大安全事故的用户及事件，应及时报局处理。对情节严重者将上报公安机关，由公安机关追究其相应责任。

第六十一条　违反本保密规定的单位(部门)和个人，由局保密委员会责令其停止使用计算机信息系统，限期整改；对因泄密造成损失或不良影响的，按照国家保密法规移交司法机关进行处理。

第八章 附 则

第六十二条 本办法由局办公室负责解释。

第六十三条 本办法自 2007 年 11 月 1 日起实施。《小浪底建管局计算机接入国际互联网暂行规定》(局办[1999]5 号)、《计算机网络及信息安全管理暂行办法》(局办[2002]4 号)同时废止。

附件：

小浪底建管局计算机网络用户上网守则

为加强计算机网络管理，兴利除弊，共同建立和维护良好的网络秩序，更好地为全局用户服务，请各位用户树立文明上网、安全上网意识，自觉遵守下列守则。

一、自觉遵守国家法律、法规，严格执行安全保密制度；

二、遵守小浪底建管局的各项管理制度，服从管理单位管理；

三、严禁访问非法网站，下载、传播非法信息；

四、不得擅自进入未经许可的计算机系统，篡改他人信息；

五、不得利用网络散发恶意信息，冒用他人名义发送信息，侵犯他人隐私；

六、不得制造、传播计算机病毒及从事其他侵犯网络和他人合法权益的活动，不得利用网络从事有损小浪底建管局利益的活动；

七、不得私自接入任何网络设备或安装代理软件；

八、对于违反上述规定的用户，网络管理单位有权无条件取消其网络使用权，违反法律的移交司法机关处理。

小浪底建管局计算机安全上网管理暂行规定

第一章 总 则

第一条 为加强小浪底建管局(以下简称局)计算机上网的安全管理，根据《小浪底建管局计算机网络与信息安全管理办法》(局办[2007]11 号)，特制定本规定。

第二条 小浪底建管局计算机网络只限于局内部用户使用，局外用户未经局网络主管部门批准不得使用局计算机网络。

第三条 全局计算机网络使用统一的 TCP/IP 网络协议，采用固定 IP 地址方式管理。

第二章 IP 地址的分配与管理

第四条 局办公室负责全局计算机网络 IP 地址规划和网段划分工作。

第五条 局办公室负责郑州生产调度中心和枢纽管理区办公楼内的 IP 地址分配，综合服务中心负责全局其他区域(上述两办公楼外的办公区、宿舍区、住宅区、宾馆)的 IP 地址分配。

第六条 全局办公区和宿舍区 IP 地址分配后由各部门(单位)对 IP 地址的使用负责，并明确各 IP 地址的使用人；宾馆 IP 地址的使用由宾馆总经理负责，其办公用 IP 地址要明确使用人；住宅区 IP 地址的使用由使用者本人负责。

第七条 各部门(单位)需新增、调整或取消 IP 地址，应由各部门(单位)根据使用地点向局 IP 地址分配部门提出书面申请，申请内容包括新增、调整或取消的 IP 地址数量、对应的 IP 地址使用人、使用地点等。IP 地址变动完成后，局 IP 地址分配部门应及时更新变动信息。

第八条 各部门(单位)IP 地址的实际使用人发生变化后，应及时报局 IP 地址分配部门备案。

第九条 住宅区个人用户需使用局计算机网络的，应由使用者本人向综合服务中心提出书面申请，并签订安全上网协议后，方可分配 IP 地址。局各宾馆需使用局计算机网络的，应由宾馆负责人向综合服务中心提出书面申请，并签订安全上网协议后，方可分配 IP 地址。

第十条 局办公室负责建立和管理 IP 地址信息资料数据库，并根据 IP 地址的变化信息及时进行更新。综合服务中心每月向局办公室提交一次分配区域内 IP 地址变化信息。

第十一条 局网络管理部门应对闲置的网络交换机端口作关闭处理。

第三章　计算机管理

第十二条 全局办公用计算机按"谁使用，谁负责"的原则管理，各部门(单位)对本部门(单位)计算机的安全上网情况负责。个人自购计算机未经本部门(单位)允许，不得在办公区使用。

第十三条 各部门(单位)要指定 IP 地址的使用人为对应计算机的直接管理人，对多人使用的计算机要指定专人管理，并对该计算机的使用情况进行登记。

第十四条 全局办公用计算机必须设置开机口令，安装杀毒软件和防火墙，并及时升级；对处理涉及局秘密信息的计算机要安装指定的加密软件，对局秘密信息进行加密处理。

第十五条 上网计算机因设置不当或病毒等原因影响整个或局部网络正常运行时，网络管理部门有权暂停其网络使用权，待该计算机处理正常后方可接入网络。

第四章　计算机安全上网规定

第十六条 全局上网用户应严格遵守《中华人民共和国计算机信息网络国际联网管理暂行规定》、《小浪底建管局计算机网络和信息安全管理办法》(局办[2007]11 号)、《小浪底建管局计算机网络用户上网守则》和本规定，并有义务向网络管理部门报告所有违反上述规定的行为。

第十七条 不得利用计算机网络从事危害国家安全、泄露国家秘密、破坏社会安定等犯罪活动，不得查阅、制作、复制和传播反动信息，以及有碍社会治安、有伤风化的信息和非法信息，不得访问非法网站。

第十八条　不得利用网络从事有损小浪底建管局利益和泄露小浪底建管局秘密信息的活动。

第十九条　不得进行任何干扰其他网络用户、破坏网络服务和网络设施的活动。如在网络上发布不真实的信息、散布计算机病毒、进入未经授权的计算机系统、利用软件进行网络扫描、利用黑客软件攻击其他计算机、未经允许利用他人 IP 地址上网等。

第二十条　上班时间不得利用网络做与工作无关的事情，如在计算机上聊天、炒股、玩游戏等。

第二十一条　对被动收到的非法和不良信息，应及时予以删除，严禁扩散，同时应及时报告网络管理部门和局相关部门，并协助删除。

第二十二条　网络管理部门要采取相应的技术措施关闭部分网络服务，对不良、非法网站进行封堵等。

第五章　计算机安全上网的监督与检查

第二十三条　各部门(单位)指定一名专、兼职人员定期对本部门(单位)的 IP 地址变动、计算机使用和上网情况进行监督和检查。

第二十四条　局办公室、监察处、人事劳动处和综合服务中心组成联合检查组不定期对全局的上网情况进行监督和检查。

第二十五条　全局上网用户均有义务配合局有关管理部门和国家安全部门对网络使用情况等进行监督和检查。

第二十六条　网络管理部门要加强对上网情况的监控工作，随时对上网情况进行检查，发现异常情况，及时做出相应处理，并对重要信息记录按相关规定进行保存，以便追查安全事故责任和事后取证分析。

第六章　责任追究

第二十七条　局对违反安全上网规定的责任人、责任单位，按照《小浪底建管局(黄河水利水电开发总公司)职工奖惩办法》(局劳[2008]2 号)等有关规定实施严格的责任追究。

第二十八条　上网行为触犯国家法律、法规的，IP 地址使用人属于执行水利企业工资标准职工或在劳动合同中约定工资待遇员工的，予以解除劳动合同，同时，对人员所在部门(单位)的季度、半年工作绩效考核扣 10 分至 15 分；属于局退休职工的，停止享受局补贴的工资待遇 6 个月。

第二十九条　上网行为有损小浪底建管局利益、泄露小浪底建管局秘密信息的，或上网行为干扰其他网络用户、破坏网络服务和网络设施的，IP 地址使用人属于执行水利企业工资标准职工的，视行为情节轻重，给予扣除 3 个月奖金(考核月奖)、降级、撤职、留用察看、解除劳动合同处分；属于在劳动合同中约定工资待遇员工的，予以解除劳动合同。同时，对人员所在部门(单位)的季度、半年工作绩效考核扣 5 分至 10 分。属于局退休职工的，停止享受局补贴的工资待遇 3 个月。

第三十条　上班时间利用计算机聊天、炒股、玩游戏等与工作无关的行为，IP 地址使用者本人属于执行水利企业工资标准职工的，扣除其本人 3 个月奖金(考核月奖)；属于在劳动合同中约定工资待遇员工的，予以解除劳动合同。同时，对人员所在部门(单位)的季度、半年工作绩效考核扣 5 分。

第三十一条 IP 地址没有指定使用人、IP 地址使用人等信息变化后没有及时报分配部门备案的或计算机没有明确管理人的，扣除该部门(单位)主要负责人 3 个月奖金(考核月奖)，该 IP 地址和计算机使用部门(单位)的季度、半年工作绩效考核扣 5 分。

第三十二条 住宅区 IP 地址使用人(指上网协议签订人，其家属的上网行为由协议签订人负责)违反安全上网规定的，分别按第二十八条、第二十九条进行处理，人员所在部门(单位)的工作绩效考核不扣分。

第七章　附　则

第三十三条 局属各公司应参照本规定，另行制定内部计算机上网管理规定。

第三十四条 本规定由局办公室负责解释，自印发之日起执行。

小浪底建管局数字化办公系统运行管理试行办法

第一章　总　则

第一条 小浪底建管局数字化办公系统(以下简称办公系统)是覆盖全局各部门的综合性信息管理系统，是提高全局工作效率和管理水平的重要措施。为保障办公系统的正常运行，制定本办法。

第二章　规划与实施

第二条 办公系统在局统一规划指导下，由局办公室具体实施并对用户提供技术支持。

第三条 局办公室负责全局各应用系统的规划，负责整合现有各应用系统，负责为各应用系统提供接口程序，负责网络应用平台的管理和维护。各应用系统建设须由局办公室统一进行用户权限管理。

第四条 局办公室负责办公系统的管理、运行维护、推广应用和数据备份。局办公室要制订专门的运行维护管理工作制度。

第五条 各部门(单位)主要负责人对本部门办公系统的应用负责。各部门指定人员(部门文书)负责信息的接收、处理、传送、存档等工作；指定一名信息工作联络员，负责本单位负责人及其他人员的简单培训，以及日常维护等技术支持工作；指定人员维护本部门的相关栏目。

第六条 各部门(单位)配备足够的计算机以保证正常办公的需要。

第三章　电子公文运行与管理

第七条 电子公文的种类、形式、行文规则与纸质公文相同。电子公文与相同内容的纸质公文具有同等效力。本规定施行后，局内公文直接在数字化办公系统上处理、发送，不加盖印章，不另发纸质文件。对外发文仍印发纸质文件。

第八条 电子公文制发环节各责任人的处置权限、公文传递路径与制发纸质公文时相同。拟稿人、审核人、签发人在办理电子公文过程中的签名与书面签名具有同等效力。

第九条 电子公文进入受文单位计算机设备的时间为到达时间。

第十条 受文单位应对电子公文的发送单位、公文的完整性和体例格式等进行核对，对不能正常接收或发现发送错误的电子公文，应及时与发文单位联系，查明原因。

第十一条 涉密公文不得通过数字化办公系统处理、传输。

第十二条 用户必须在每个工作日上班后和下班前进入系统浏览一次，以保证电子公文的正常流转。如遇出差，可向局办公室申请远程办公客户端授权，或通过办公系统内的出差委托功能，委托其他人员代理相关业务。

第四章　电子信息管理

第十三条 电子信息是指在数字化办公系统上发布、传递的信息。

第十四条 数字化办公系统的电子信息栏目相对固定，用户提出并经局办公室同意可作调整。

第十五条 电子信息在规定的栏目内发布，用户在办公系统上发布信息必须遵守各功能模块、栏目的要求和权限，以利于信息的分类和查询。

第十六条 局新闻通过"新闻"栏目发布；各单位(部门)工作信息通过"处室之窗"和"综合信息"栏目发布；内部期刊通过"简报"发布；需由局属各单位(部门)通知或广大职工周知的工作、生活类事项或事务性通知通过"电子公告"栏目发布；会议通知、会议纪要通过"会议管理"栏目发布；某一时间段内职工较为关注的热点信息通过"特别专栏"栏目发布。

第十七条 发布电子信息的部门主要领导负责审查所发布信息的真实性。涉及全局声誉、安全、重大方针政策事项的信息是否在办公系统上发布由部门负责人请示分管局领导决定。在"新闻"栏目发布的信息由党委工作处审查；在"处室之窗"、"综合信息"、"简报"、"电子公告"栏目上发布的信息由发布信息的单位(部门)审查；会议纪要由会议主持人审查。未经审查的信息不得上网发布。

第十八条 各单位要积极开展信息交流活动，及时发布本单位工作信息，定期为"处室之窗"栏目增添新信息。

第五章　权限管理

第十九条 用户在办公系统中的权限由各部门(单位)给用户定义的角色确定。各部门(单位)人员增加、减少、工作岗位调整，应及时书面通知局办公室，以便对访问权限做出相应的调整。

第二十条 电子信息栏目的管理、维护权限，根据小浪底建管局职工岗位职责设定。各部门(单位)负责的电子信息栏目由各部门指定人员进行维护，人员调整后应及时通知局办公室调整相应权限。

第二十一条 各部门(单位)工作流程相对固定，如确需调整流程，应将调整意见以纸质文件或电子邮件方式通知局办公室，由局办公室做出相应的调整。

第六章 行为规范

第二十二条 用户必须遵守国家有关法律和法规；遵守所有与网络服务有关的网络协议、规定和程序。

第二十三条 不得利用办公系统发布、传输法律禁止的言论、图片、音像资料等。

第二十四条 职工个人在"讨论园地"栏目中发表意见、建议或开展讨论，其内容不得违反国务院《互联网电子公告服务管理办法》和全国人大常委会《关于维护互联网安全规定》。

第二十五条 不得利用办公系统从事有损于小浪底建管局利益的活动。

第七章 系统安全管理

第二十六条 用户应认真执行《中华人民共和国计算机信息系统安全保护条例》和公安部《计算机信息网络国际联网安全保护管理办法》，严格遵守《小浪底建管局计算机网络和信息安全管理暂行办法》的有关规定。

第二十七条 用户应经常更换口令并注意保管口令。用户离开计算机应退出办公系统，以防他人滥发电子邮件、恶意增删资料或干扰公文运转。

第二十八条 发现任何非法使用用户账号或用户口令被盗用情况，应立即通知局办公室。

第八章 其 他

第二十九条 本办法由局办公室负责解释。

第三十条 本办法自发布之日起施行。

小浪底建管局电子公文管理暂行规定

第一条 局数字化办公系统运行后，局发文件、内部签报、局接收的外部文件都通过数字办公系统处理，成为电子公文。为了规范小浪底建管局电子公文管理工作，提高办公效率，依据国家有关法律法规和小浪底建管局实际，制定本规定。

第二条 局办公室负责组织实施本规定，主管全局电子公文工作。

第三条 电子公文的种类、形式、行文规则与纸质公文相同，依照《小浪底建管局公文处理办法实施细则》(局发[1996]49 号)和《小浪底建管局公文工作补充规定》(局办[1998]10 号)的有关规定执行。

第四条 电子公文与相同内容的纸质公文具有同等法律效力。本规定施行后，局发文件直接在数字化办公系统上办理，不加盖印章(待国家电子印章系统实施后，加盖电子印章)，不另发纸质文件。对外发文在完成网上办理后仍印发纸质文件。

第五条 电子公文制发环节各责任人的处置权限、公文传递路径与制发纸制公文相同。拟稿人、审核人、签发人在办理电子公文过程中的签名与书面签名具有同等效力。如确需批准人签字确认的公文，可打印一份纸质公文由批准人签字确认。

第六条 电子公文进入受文单位计算机设备的时间为到达时间。

第七条 各单位(部门)应当指定专用计算机设备接受电子公文，指定专人负责电子公文的接收、发送、归档及设备维护工作，保证电子公文及时办理。

第八条 受文单位应对电子公文的发送单位、公文的完整性和体例格式等进行核对，对不能正常接收或发现发送错误的电子公文，应及时与发文单位联系，查明原因。

第九条 发文单位应根据公文的缓急程度对所发公文的接收情况进行查对，发现问题及时与受文单位联系。

第十条 电子公文办理完毕后，按照档案管理部门的相关规定及时归档保存。

第十一条 涉密公文不得通过数字化办公系统处理、传输。

第十二条 本规定自发布之日起施行，由局办公室负责解释。

小浪底建管局网站管理办法

第一章 总 则

第一条 为了进一步加强小浪底建管局网站的管理和维护，确保网站正确、安全、可靠地运行，充分发挥网站在促进局各项事业发展中的作用，依据《中华人民共和国计算机信息网络国际互联网管理暂行规定》、《中华人民共和国计算机信息系统安全保护条例》等有关法规和规章，结合小浪底建管局实际情况，制定本办法。

第二条 本办法适用范围为小浪底网站以及有关信息流程的管理。

第三条 小浪底网站是小浪底建管局在国际互联网上建立的企业门户网站，是局内、外部交流和宣传的重要窗口和媒体。网站在国际互联网上的注册域名为 www.xiaolangdi.com.cn，中文域名为"小浪底网"。

第四条 网站的主要任务是宣传党和国家有关水利的方针、政策，水利工作动态；宣传小浪底建管局小浪底水利枢纽和西霞院水利枢纽工程建设成就、生产经营成就和各项工作动态。

第二章 组织管理

第五条 局办公室负责网站的技术管理，主要职责是：

(一)组织协调网站的建设、规划、运行和安全维护工作；

(二)负责网站后台管理软件的开发和更新升级；

(三)负责网站页面设计和栏目规划；

(四)提供和维护网站的网络运行环境；

(五)提供网站技术支持，及时解决网站运行技术问题，确保网络安全；

(六)负责网站数据备份。

第六条 局党委工作处负责网站主要栏目内容的日常管理，主要职责是：

(一)组织审定网站主页设计和栏目设置方案；

(二)审核重要上网信息，监管网站内容；

(三)制定并实施网站宣传报道工作计划，组织开展重大专题宣传报道；

(四)督促有关部门、单位及时更新和修改相关栏目的内容；

(五)采编上网稿件，及时上网发布。

第七条 局机关各处室、局属各单位负责提供上网内容，主要职责是：

(一)及时提供本部门、本单位的业务信息，并按要求参与重大专题宣传报道；

(二)负责更新本部门、本单位的相关栏目信息；

(三)对本部门发布信息的真实性、准确性和时效性负责。

第八条 网站栏目日常内容维护分工如下：

(一)"走进建管局"：人劳处、局办公室；

(二)"新闻中心"：党委工作处；

(三)"党的建设"：党委工作处；

(四)"企业文化"：党委工作处；

(五)"传媒报道"：党委工作处；

(六)"小浪底报"：党委工作处；

(七)"小浪底水利枢纽"：局办公室；

(八)"西霞院水利枢纽"：西霞院项目部、局办公室；

(九)"视频中心"：局办公室；

(十)"公告栏"：局办公室；

(十一)"小浪底论丛"：局办公室、生产技术处；

(十二)二级单位栏目：由二级单位提供更新内容，局办公室负责相关页面的更新；

(十三)英文版栏目：局办公室。

第三章　信息管理

第九条 网上信息遵循"谁发布、谁负责"原则。

第十条 上网信息必须遵守国家法律法规，坚持实事求是，宣传小浪底，服务小浪底，促进全局各项事业的发展。

(一)领导活动信息，反映局领导班子成员的重要公务活动，及上级机关领导同志到小浪底建管局检查、视察工作等重要公务活动；

(二)业务工作信息，应有一定新闻和业务交流价值；

(三)转载领导讲话、新闻媒体的报道，必须遵循国家有关规定，有利于全局各项工作；

(四)信息应讲求时效性，主题突出，条理清楚，文字精练，数据准确，图像清晰；

(五)新闻类信息要署明作者或部门、单位名称，转载信息要署明转自何种媒体及刊登时间；

(六)各部门、各单位上网内容须经过本部门、本单位负责人审核。

第十一条 加快网上信息更新速度，动态性信息应及时更新，相对固定性信息应适时更新。

第四章　安全与保密管理

第十二条 网站管理应当遵守有关法律法规，严格执行安全保密制度。网站信息不得包含下列内容：

(一)反对宪法所确定的基本原则的；

(二)危害国家安全，泄露国家秘密，颠覆国家政权，破坏国家统一的；

(三)损害国家荣誉和利益的，损害局荣誉和利益的；

(四)煽动民族仇恨、民族歧视，破坏民族团结的；

(五)破坏国家宗教政策，宣扬邪教和封建迷信的；

(六)散布谣言，扰乱社会秩序，破坏社会稳定的；

(七)散布淫秽、色情、赌博、暴力、凶杀、恐怖或者教唆犯罪的；

(八)侮辱或者诽谤他人，侵害他人合法权益的；

(九)含有法律、行政法规禁止的其他内容的。

第十三条 严格执行国家《保密法》和小浪底建管局有关保密的规定，凡涉及国家秘密、小浪底建管局秘密的相关文件资料及暂不宜公开的局内信息均不得上网公布。

第十四条 网站集团邮箱不得传输任何带有密级的文件和有保密内容的资料，网站的系统管理人员不得对外透露用户的任何个人资料，严禁私开用户信箱。

第十五条 局属各单位可申请在网站链接本单位的网页(站)，并对本单位网页(站)信息负责。链接的网页(站)，应在显著位置设置小浪底建管局网站链接标志。

第五章 奖 惩

第十六条 在网站上发表文章或提供资料的，按照小浪底建管局《宣传工作奖励办法和宣传稿费发放办法》(局党发[2005]1号)的规定，给予相应稿费和奖励。

第十七条 违反本办法的，将予以批评并责令改正；违犯国家法律、法规的，依照法律、法规的规定处理。

第六章 附 则

第十八条 本办法由局办公室、党委工作处负责解释。

第十九条 本办法自发布之日起施行。

小浪底建管局网络与信息安全应急处置预案

第一章 编制原则

为加强小浪底建管局计算机网络和信息安全管理，提高应对突发网络安全事件的处置水平，确保全局计算机网络和应用系统的安全和稳定运行，特制订本预案。

第二章 网站、网页出现非法言论时的紧急处置预案

第一条 网站管理员随时密切监视信息内容。每天早、中、晚各登录网站一次。

第二条 发现网上出现非法信息时，网站管理员应立即向信息中心主任或局办分管副主任汇报情况；情况紧急的应先及时采取删除等处理措施，再按程序报告。

第三条 发现网上出现非法信息时，网站管理员做好必要的记录，清理非法信息，强化安全防范措施，并将网站网页重新投入使用。

第四条 网站管理员应妥善保存有关记录及日志或审计记录，并立即追查非法信息来源。

第五条 情况严重时，由局办分管副主任将有关情况向局应急救援指挥部汇报，经同意，立即向公安机关报警。

第三章 黑客攻击时的紧急处置预案

第六条 当网页内容被篡改，或通过入侵检测系统发现有黑客正在进行攻击时，网络管理员应首先将被攻击的服务器等设备从网络中隔离出来，保护现场，同时向信息中心主任或局办分管副主任汇报情况。

第七条 网络安全员和网站管理员负责被破坏系统的恢复与重建工作。

第八条 网络安全员协同有关部门共同追查非法信息来源。

第九条 情况严重时，由局办分管副主任将有关情况向应急救援指挥部汇报，经同意，立即向公安机关报警。

第四章 病毒安全紧急处置预案

第十条 当发现计算机感染有病毒后，应立即将该机从网络上隔离出来。

第十一条 对该设备的硬盘进行数据备份。

第十二条 启用反病毒软件对该机进行杀毒处理，同时采用病毒检测软件对其他机器进行病毒扫描和清除工作。

第十三条 经技术人员确定无法查杀该病毒后，应做好相关记录，同时立即向信息中心主任或局办分管副主任报告，并迅速联系有关产品研究解决。

第十四条 情况严重时，由局办分管副主任将有关情况向局应急救援指挥部汇报，经同意，可向公安机关报告。

第十五条 如果感染病毒的设备是服务器或者重要主机系统，经信息中心主任或局办分管副主任同意，立即做好该设备的病毒清查工作。

第五章 软件系统遭受破坏性攻击的紧急处置预案

第十六条 重要的软件系统平时必须存有备份，与软件系统相对应的数据必须有多日备份，并将它们保存于安全的地方。

第十七条 一旦软件遭到破坏性攻击，应立即向信息中心主任或局办分管副主任报告，并停止系统运行。

第十八条 网络安全员和系统维护员负责软件系统和数据的恢复。

第十九条 网络安全员和网络管理员检查日志等资料，确认攻击来源。

第二十条 情况严重时，由局办分管副主任将有关情况向应急救援指挥部汇报，经同意，立即向公安机关报告。

第六章 数据库安全紧急处置预案

第二十一条 数据库系统要至少准备两个以上数据库备份，平时一份放在机房，另一份放在另一安全的建筑物中。

第二十二条 一旦数据库崩溃，应立即向信息中心主任或局办分管副主任报告。

第二十三条 系统维护员对主机系统进行维修，如遇无法解决的问题，立即向上级单位或有关厂商请求支援。

第二十四条 系统修复启动后，将第一个数据库备份取出，按照要求将其恢复到主机系统中。

第二十五条 如因第一个备份损坏，导致数据库无法恢复，则应取出第二套数据库备份加以恢复。

第二十六条 如果两个备份均无法恢复，应立即向有关厂商请求紧急支援。

第七章　广域网外部线路中断紧急处置预案

第二十七条 广域网线路中断后，有关人员应立即向信息中心主任或局办分管副主任报告。

第二十八条 网络管理员应迅速判断故障节点，查明故障原因。

第二十九条 如属小浪底建管局管辖范围，由网络管理员立即予以恢复。如遇无法恢复情况，立即向有关厂商请求支援。

第三十条 如属电信部门管辖范围，立即与电信维护部门联系，请求修复。

第三十一条 如有必要，由局办分管副主任向应急救援指挥部汇报。

第八章　局域网中断紧急处置预案

第三十二条 局域网中断后，网络管理员立即判断故障节点，查明故障原因，并向信息中心主任或局办分管副主任汇报。

第三十三条 如属线路故障，应立即重新安装线路。

第三十四条 如属服务器、路由器、交换机等网络设备故障，如果能够自行恢复，应立即采取措施尽快恢复；如果不能自行恢复，应立即与有关厂商联系请求支援。

第三十五条 如果设备一时不能修复，由局办分管副主任向应急救援指挥部汇报。

第九章　人员疏散与机房灭火预案

第三十六条 一旦机房发生火灾，应遵照下列原则：一是保人员安全；二是保关键设备、数据安全；三是保一般设备安全。

第三十七条 人员疏散的程序是：机房值班人员立即按响火警警报，并通过119电话向公安消防请求支援，所有不参与灭火的人员迅速从机房中撤出。

第三十八条 人员灭火的程序是：首先切断所有电源，从指定位置取出机房专用灭火器进行灭火。

第十章　外部电源中断后的紧急处置预案

第三十九条 外部电源中断后，值班人员应立即查明原因，值班人员应立即查明原因，并向信息中心主任或局办分管副主任汇报。

第四十条 如因内部线路故障，应立即请求有关部门迅速恢复。

第四十一条 如果供电部门告知需长时间停电，应做如下安排：

(一)预计停电 4 小时以内，由 UPS 供电。

(二)预计停电 8 小时，关掉非关键设备，确保各主机、路由器、交换机供电。

(三)预计停电超过 12 小时，关掉所有设备。

信息中心工作守则

(一)自觉遵守局各项规章制度，准时上下班，不迟到、不早退。

(二)讲究环境卫生，保持机房清洁。

(三)树立为工作服务和为职工服务的服务意识，待人热情，服务周到。

(四)热爱本职工作，工作认真负责，对工作精益求精。

(五)工作积极主动，讲求效率，上班时间，不做与工作无关的事情。

(六)爱护公共设施，做到公私分明。

(七)保守信息秘密，维护信息安全，认真填写工作日志。

(八)团结互助，乐于奉献。

(九)不断加强业务学习，提高业务能力和管理水平。

(十)自觉维护信息中心形象，珍惜单位声誉。

办公自动化系统管理员工作职责

(一)做好办公自动化系统的日常管理和维护。

(二)做好邮件系统的管理和维护。

(三)及时解决系统故障，保证系统连续正常运行。

(四)积极做好办公自动化系统的推广应用，及时解决用户出现的问题。

(五)负责各种工作流的定制和修改，各种信息发布栏目的定制和修改，用户的增减、部门调整和权限的分配，定制和修改数据前必须经信息中心或办公室领导同意。

(六)及时对数据进行维护，定期删除作废的工作流。

(七)定期对数据库进行备份(每周一、三、五备份一次)。

(八)管理好管理员账号和口令，确保 OA 系统的安全。

(九)认真填写系统维护日志，对系统所做任何修改都必须记录在案。

(十)完成上级领导交办的其他工作。

视频点播系统管理员工作职责

(一)负责视频点播系统的管理和维护。

(二)负责片源的收集、整理、格式转换、上传和发布。

(三)定期更新杀毒软件，采取各种有效措施防止病毒和黑客对系统的破坏，确保系统的安全运行。

(四)负责片源的自我审查,严禁上传带有色情、反动内容的影片和歌曲。

(五)及时解决用户播放时出现的各种问题。

(六)负责在电子公告上发布视频消息。

(七)严格执行办公区上班期间点播栏目和时间的限制。

(八)做好系统维护日志。

(九)完成上级领导交办的其他工作。

网络管理员(安全员)工作职责

(一)负责网络的调试及正常运行,维护网络安全,认真保存网络工作日志。

(二)及时解决系统故障,保证系统连续正常运行。始终保持 Internet 出口的畅通。

(三)负责服务器和网络软件的安装、维护、调整及更新。

(四)负责网络账号管理和 IP 地址资源分配。

(五)定期查看入侵检测记录,定期查看网络监控设备,监视网络运行,保持网络安全、稳定、畅通。

(六)填写并保存网络管理记录、网络运行记录、网络检修记录等网络资料。

(七)对网络服务器进行定期的查毒、杀毒,对系统漏洞及时打安全补丁,采取各种有效措施防止黑客的破坏、攻击。

(八)对危害严重的计算机病毒,提前做好网上预警和防范工作。

(九)如发现网上存在有害信息,应及时截取有害信息画面,确定信息源位置并及时向上级汇报。

(十)完成上级领导交办的其他工作。

计算机耗材(配件)采购管理办法

(一)计算机耗材(配件)采购以集中采购为主,零星采购为辅。

(二)信息中心每季度初根据实际需要制订采购计划,并报办公室领导审批。

(三)季度计划之外、工作急需的零星采购,金额在 500 元以下的由信息中心主任批准,金额在 500 元以上的需办公室领导同意。

(四)集中和零星采购均由两人负责。

(五)耗材(配件)采购回来后由指定人员进行验收,并由耗材管理人员登记造册、入库。

(六)耗材(配件)的领用由各单位提出申请,并经处室负责人签字,信息中心核实情况后,由信息中心主任批准。

(七)领用耗材(配件)时,领用人员必须在领用表上签字。

机房管理员岗位职责

(一)搞好机房卫生,保持室内整洁、清洁。

(二)定期检查配电柜和 UPS 电源工作状况，确保供电设备正常工作。

(三)注意安全用电，严禁用湿物接触电源、电器，以免发生意外。

(四)定期对网络设备和通讯设备进行认真检查，确保网络畅通。

(五)机房内禁止吸烟，任何火源一律不得带入机房。

(六)严禁易燃易爆和强磁物品及其他与机房工作无关的物品进入机房。

(七)定期检查防火设施，保证防火设备完好。

(八)检查门窗、插销、门锁是否完好，发现问题及时处理，做好防盗工作。

(九)保持机房安静，严禁在机房内大声喧哗、吵闹。

(十)严格控制机房进出人员，无关人员不得入内。

计算机维护员工作职责

(一)负责计算机软、硬件的调试及维护，使计算机保持良好状态，营造用户可随时上网、工作、学习的环境。

(二)用户计算机维护实行首问负责制，工作人员在接到报修电话，问清情况后，如无特殊原因，办公楼内应该在 5 分钟内到达用户现场；办公楼外视距离远近和具体情况，应该在 30 分钟内到达用户现场，严禁互相推诿，严禁故意拖延时间。

(三)工作人员到现场后，本着对用户负责的态度，认真检查和解决问题，一般故障应在 2 小时内解决，努力做到让用户满意。

(四)计算机维护过程中如遇疑难问题，应尽快上报，研究解决办法，并在当天内予以解决。

(五)计算机维护人员对所有用户应始终保持良好的服务态度，并及时与用户沟通，避免发生误会和造成数据丢失等不必要的损失。

(六)做好系统维护日志。

(七)完成上级领导交办的其他工作。

网站管理员工作职责

(一)负责网站的管理和维护。

(二)定期更新杀毒软件，采取各种有效措施防止病毒和黑客对系统的破坏，确保网站的安全运行。

(三)负责有关网页的制作和更新。

(四)定期与各单位信息员联系，确保各单位有关信息的及时更新。

(五)每天上班后和下班前对网站进行检查，确保网站内容安全。

(六)做好系统维护日志。

(七)完成上级领导交办的其他工作。

第六章　技术支持

第一节　信息安全产品任天行 M500

深圳任子行网络技术有限公司北京分公司

联系人：赵凯

职务：大客户经理

电话：010-82990589

服务热线：010-82990591　010-85945321

电子邮件：zhaokai@1218.com.cn

联系人：刘明春

职务：工程师

电话：010-62073572-803

手机：13810691686

其他：

电话：(0755)-86168320、86168321(5×8 小时)　13316990630(7×24 小时)

传真：(0755)-86168355

客服 QQ：517861051

E-mail：support@1218.com.cn

技术支持网址：http://www.1218.com.cn/service/cjwt.php

公司地址：深圳市高新区科技中二路软件园 2 栋 6 楼

邮编：518057

第二节　CISCO 网络设备

一、思科系统(中国)网络技术有限公司

联系人：李春明

职务：系统工程师

电话：010-85155609

手机：13911073246

电子邮件：chunmli@cisco.com

二、郑州创元计算机网络工程有限公司

联系人：张少华
手机：13503842991
联系人：刘晶波
手机：13503817705
联系人：张亮
手机：13603711424
联系人：杨鼎
手机：13607666177

第三节　小浪底综合数字办公平台

北京有生博大软件技术有限公司

联系人：刘彦军
职务：行业经理
电话：010-63961501
手机：13401176608
电子邮件：liuyanjun@risesoft.net
联系人：吴艳
职务：大客户经理
电话：010-63691936
手机：13911874125
电子邮件：wuyan@risesoft.net　wuyan78@sina.com
联系人：黄世清
电话：010-67556570
手机：13552688044

第四节　小浪底视频点播系统

一、北京它山石科技有限公司

联系人：石靖谰
电话：010-64979105

二、北京海存志合科技发展有限公司

联系人：徐志华

电话：010-51552235 转 168

手机：13501167069

第五节　邮件系统

北京美讯智网络安全有限公司(垃圾邮件网关)

联系人：于淼

职务：售前经理

电话：139101070703

客服热线：800-810-7638

联系人：侯俊峰

技术支持：010-58844200 转技术支持　　13501295175 技术支持

电子邮件：Jhou@websense.com

第六节　短信平台系统

中国移动通信集团河南有限公司郑州分公司

江山河：13523537936

周阳：13838302122

第七节　其他设备常用电话

一、Dell 中国有限公司

李泽钜：13599929587　　800-858-2222-9-7084

二、Dell 中国有限公司(郑州)

董建松：13838063272　　0371-68328888-2025

第七章 其 他

第一节 常用网络命令

一、测试物理网络的 Ping 命令

(一)Ping 命令的作用

Ping 命令有助于验证 IP 级的连通性。发现和解决问题时，可以使用 Ping 向目标主机名或 IP 地址发送 ICMP 回应请求。需要验证主机能否连接到 TCP/IP 网络和网络资源时，请使用 Ping。也可以使用 Ping 隔离网络硬件问题和不兼容配置。

通常最好先用 Ping 命令验证本地计算机和网络主机之间的路由是否存在，以及要连接的网络主机的 IP 地址。Ping 目标主机的 IP 地址看它是否响应，如下：

ping IP_address

(二)怎样使用 Ping 命令

使用 Ping 时应该执行以下步骤：

(1)Ping 环回地址验证是否在本地计算机上安装 TCP/IP 以及配置是否正确。

　ping 127.0.0.1

(2)Ping 本地计算机的 IP 地址验证是否正确地添加到网络。

　ping IP_address_of_local_host

(3)Ping 默认网关的 IP 地址验证默认网关是否运行以及能否与本地网络上的本地主机通讯。

　ping IP_address_of_default_gateway

(4)Ping4 远程主机的 IP 地址验证能否通过路由器通讯。

　ping IP_address_of_remote_host

(三)使用 Ping 命令的不同选项

使用 Ping 命令的不同选项来指定要使用的数据包大小、要发送多少数据包、是否记录用过的路由、要使用的生存时间(TTL)值以及是否设置"不分段"标志。可以键入 ping-? 查看这些选项。

下例说明如何向 IP 地址 172.16.48.10 发送两个 Ping，每个都是 1 450 字节：

C:\> ping -n 2 -l 1450 172.16.48.10

Pinging 172.16.48.10 with 1450 bytes of data:

Reply from 172.16.48.10:bytes=1450 time <10ms TTL=32

Reply from 172.16.48.10:bytes=1450 time <10ms TTL=32

二、显示配置信息的 ipconfig 命令

ipconfig 命令用于显示 TCP/IP 协议的配置信息，主要显示接口的 IP 地址，子网掩码和缺省网关信息。可以通过这些信息来检查 TCP/IP 设置是否正确。但如果计算机使用了动态主要配置协议(Dynqmic Host Configuration Protocol，DHCP)，此时 ipconfig 则显示计算机是否成功地租用一个 IP 地址。如果租用到则显示它目前分配到的真实信息：IP 地址、子网掩码和缺省网关。运行如下：

C:\>WINDOWS\DESKTOP>IPCONFIG

/all 参数：除显示的接口 IP 地址、子网掩码和缺省网关等信息外，还显接口的额外配置信息，包括 DNS 和 WINS 服务器的 IP 地址，以及接口的 MAC 地址。

/release 参数：立即释放当前 DHCP 配置(归还 IP 地址)。

/renew 参数：刷新配置或更新现有配置。大多数情况下网卡将被重新赋予和以前所赋予的相同的 IP 地址。

三、ARP 命令详解

ARP(地址解析协议)是一个重要的 TCP/IP 协议，并且用于确定对应 IP 地址的网卡物理地址。使用 ARP 命令，我们能够查看本地计算机或另一台计算机的 ARP 高速缓存中的当前内容。

arp- a：用于查看高速缓存中的所有项目。

arp-a IP：显示所有接口的当前 ARP 缓存表。

arp-s IP 物理地址：向 ARP 高速缓存中人工输入一个静态项目。

arp-d IP：使用本命令能够人工删除一个静态项目。

四、Netstat 命令详解

Netstat 用于显示与 IP、TCP、UDP 和 ICMP 协议相关的统计数据，一般用于检验本机各端口的网络连接情况。该命令是一个监控 TCP/IP 网络的非常有用的工具，它可以显示路由表、实际的网络连接以及每一个网络接口设备的状态信息。

netstat- s：按照各个协议分别显示其统计数据。

netstat- e：显示关于以太网的统计数据。

netstat- r：显示关于路由表的信息，类似于后面所讲使用 route print 命令时看到的信息。

netstat- a：显示一个所有的有效连接信息列表，包括已建立的连接(ESTABLISHED)，也包括监听连接请求(LISTENING)的那些连接。

netstat- n：显示所有已建立的有效连接。

五、Tracert 命令详解

Tracert 命令用来显示数据包到达目标主机所经过的路径，并显示到达每个节点的时间。命令功能同 Ping 类似，但它所获得的信息要比 Ping 命令详细得多，它把数据包所走的全部路径、节点的 IP 以及花费的时间都显示出来。该命令比较适用于大型网络。

命令格式：

tracert IP 地址或主机名[–d][–h maximum_hops][–j host_list] [–w timeout]

参数含义：

–d 表示不解析目标主机的名字；

–h maximum_hops 表示指定搜索到目标地址的最大跳跃数；

–j host_list 表示按照主机列表中的地址释放源路由；

–w timeout 表示指定超时时间间隔，程序默认的时间单位是毫秒。

第二节　CISCO 网络常用配置命令

一、CISCO 交换机常用命令

?　给出一个帮助屏幕

0.0.0.0 255.255.255.255　通配符命令，作用与 any 命令相同

access-class　将标准的 IP 访问列表应用到 VTY 线路

access-list　创建一个过滤网络的测试列表

any　指定任何主机或任何网络，作用与 0.0.0.0 255.255.255.255 命令相同

Backspace　删除一个字符

cdp enable　打开一个特定接口的 CDP

cdp holdtime　修改 CDP 分组的保持时间

cdp run　打开路由器上的 CDP

cdp timer　修改 CDP 更新定时器

clear counters　清除某一接口上的统计信息

clear line　清除通过 Telnet 连接到路由器的连接

clear mac-address-table　清除该交换机动态创建的过滤表

config memory　复制 startup-config 到 running-config

config network　复制保存在 TFTP 主机上的配置到 running-config

config terminal　进入全局配置模式并修改 running-config

config-register　告诉路由器如何启动以及如何修改配置寄存器的设置

copy flash tftp　将文件从闪存复制到 TFTP 主机

copy run start copy running-config startup-config 的快捷方式,将配置复制到 NVRAM 中

copy run tftp　将 running-config 文件复制到 TFTP 主机

copy tftp flash　将文件从 TFTP 主机复制到闪存

copy tftp run　将配置从 TFTP 主机复制为 running-config 文件

Ctrl+A　移动光标到本行的开始位置

Ctrl+D　删除一个字符

Ctrl+E　移动光标到本行的末尾

Ctrl+F　光标向前移动一个字符

Ctrl+R　重新显示一行

Ctrl+Shift+6，then X　当 telnet 到多个路由器时返回到原路由器

Ctrl+U　删除一行

Ctrl+W　删除一个字

Ctrl+Z　结束配置模式并返回 EXEC(执行状态)

debug dialer　显示呼叫建立和结束的过程

delete nvram　删除 1900 交换机–NVRAM 的内容

disable　从特权模式返回用户模式

enable　进入特权模式

enable password　设置不加密的启用口令

enable password level 1　设置用户模式口令

enable password level 15　设置启用模式口令

enable secret　设置加密的启用秘密口令，如果设置则取代启用口令

erase starup　删除 startup-config

erase starup-config　删除路由器上的 NVRAM 的内容

Esc+B　向后移动一个字

Esc+F　向前移动一个字

exit　断开远程路由器的 Telnet 连接

address Host　指定一个主机地址

Hostname　设置一台路由器或交换机的名字

int e0.10　创建一个子接口

int f0/0.1　创建一个子接口

interface　进入接口配置模式，也可以使用 show 命令

interface e0/5　配置 Ethernet 接口 5

interface ethernet 0/1　配置接口 e0/1

interface f0/26　配置 Fast Ethernet 接口 26

interface fastethernet　进入 Fast Ethernet 端口的接口配置模式，也可以使用 0/0 show 命令

interface fastethernet　创建一个子接口　0/0.1

interface fastethernet0/26　配置接口 f0/26

interface serial 5　进入接口 serial 5 的配置模式，也可以使用 show 命令

ip access-group　将 IP 访问列表应用到一个接口

ip address　设置一个接口或交换机 IP 地址

ip classless　一个全局配置命令，用于告诉路由器当目的网络没有出现在路由表中时，通过默认路由转发数据包

ip default-gateway　设置该交换机的默认网关

ip domain-lookup　打开 DNS 查找功能 (默认时打开)

ip domain-name　将域名添加到 DNS 查找名单中

ip host　在路由器上创建主机表

ip name-server 最多设置 6 个 DNS 服务器的 IP 地址

ip route 在路由器上创建静态和默认路由

line 进入配置模式以修改和设置用户模式口令

line aux 进入辅助接口配置模式

line console 0 进入控制台配置模式

line vty 进入 VTY(Telnet)接口配置模式

logout 退出控制台会话

mac-address-table permanent 在过滤数据库中生成一个永久 MAC 地址

mac-address-table resticted 在 MAC 过滤数据库中设置一个有限制的地址，只允许
static 所配置的接口与有限制的地址通信

no ip host 从主机表删除一个主机名

no ip route 删除静态或默认路由

no shutdown 打开一个接口

ping 测试一个远程设备的 IP 连通性

router rip 使用户进入路由器 rip 配置模式

show access-list 显示路由器上配置的所有访问列表

show access-list 110 只显示访问列表 110

show cdp 显示 CDP 定时器和保持时间周期

show cdp entry * 同 show cdpneighbordetail 命令一样，但不能用于 1900 交换机

show cdp interface 显示启用了 CDP 的特定接口

show cdp neighbor 显示直连的相邻设备及其详细信息

show cdp neighbor detail 显示 IP 地址和 IOS 版本和类型,并且包括 show cdp neighbor
命令显示的所有信息

show cdp traffic 显示设备发送和接收的 CDP 分组数以及任何出错信息

show flash 显示闪存中的文件

show history 默认时显示最近输入的 10 个命令

show hosts 显示主机表中的内容

show int f0/26 显示 f0/26 的统计信息

show int e0/1 显示接口 e0/1 的统计信息

show interface So 显示接口 serial 上的统计信息

show ip 显示该交换机的 IP 配置

show ip access-list 只显示 IP 访问列表

show ip interface 显示哪些接口应用了 IP 访问列表

show ip interface 显示在路由器上配置的路由选择协议及与每个路由选择协议相关
的定时器

show ip route 显示 IP 路由表

trunk on 将一个端口设为永久中继模式

vlan 2 name Sales 创建一个名为 Sales 的 VLAN2

show mac-address-table　显示该交换机动态创建的过滤表

show protocols　显示在每个接口上配置的被动路由协议和网络地址

show run　是 showrunning-config 命令的缩写，显示当前在该路由器上运行的配置

show sessions　显示通过 Telnet 到远程设备的连接

show start　命令 show startup-config 的快捷方式，显示保存在 NVRAM 中的备份配置

show terminal　显示配置的历史记录

show trunk A　显示端口 26 的中继状态

show trunk B　显示端口 27 的中继状态

show version　给出该交换机的 IOS 信息以及正常运行时间和基本 Ethernet 地址

show vlan　显示所有已配置的 VLAN

show vlan-membership　显示所有端口的 VLAN 分配

show vtp　显示一台交换机的 VTP 配置

shoutdown　设置接口为管理性关闭模式

Tab　为操作者完成命令的完整输入

telnet　连接、查看并在远程设备上运行程序

二、CISCO 交换机、路由器的基本配置

(一)CISCO2900/3500 交换机的基本配置

1. 交换机的基本状态

hostname>　用户模式

hostname#　特权模式

hostname(config)#　全局配置模式

hostname(config-if)#　接口状态

2. 交换机口令设置

switch>enable　进入特权模式

switch#config terminal　进入全局配置模式

switch(config)#hostname　设置交换机的主机名

switch(config)#enable secret xxx　设置特权加密口令

switch(config)#enable password xxa　设置特权非密口令

switch(config)#line console 0　进入控制台口

switch(config-line)#line vty 0 4　进入虚拟终端

switch(config-line)#login　允许登录

switch(config-line)#password xx　设置登录口令 xx

switch#exit　返回命令

3. 交换机 VLAN 设置

switch#vlan database　进入 VLAN 设置

switch(vlan)#vlan 2　建 VLAN 2

switch(vlan)#no vlan 2　删 VLAN 2

switch(config)#int f0/1   进入端口 1

switch(config-if)#switchport access vlan 2   当前端口加入 VLAN 2

switch(config-if)#switchport mode trunk   设置为干线

switch(config-if)#switchport trunk allowed vlan 1，2   设置允许的 VLAN

switch(config-if)#switchport trunk encap dot1q   设置 VLAN 中继

switch(config)#vtp domain   设置发 VTP 域名

switch(config)#vtp password   设置发 VTP 密码

switch(config)#vtp mode server   设置发 VTP 模式

switch(config)#vtp mode client   设置发 VTP 模式

4. 交换机设置 IP 地址

switch(config)#interface vlan 1   进入 VLAN 1

switch(config-if)#ip address   设置 IP 地址

switch(config)#ip default-gateway   设置默认网关

switch#dir flash: 查看闪存

5. 交换机显示命令

switch#write   保存配置信息

switch#show vtp   查看 VTP 配置信息

switch#show run   查看当前配置信息

switch#show vlan   查看 VLAN 配置信息

switch#show interface   查看端口信息

switch#show int f0/0   查看指定端口信息

6. CISCO 交换机 DHCP 的配置(以小浪底枢纽管理区核心交换为例)

第一步：创建 VLAN。

Switch>en

Switch#Vlan Database

Switch(Vlan)>Vlan 112 Name server//设置 VLAN112   VLAN 名称 server

第二步：设置 VLAN   IP 地址。

Switch#Config T

Switch(Config)>Int Vlan 112

Switch(Config-vlan)Ip Address 192.168.12.1 255.255.255.0

Switch(Config-vlan)No Shut

Switch(Config-vlan)Exit

/*注意：由于此时没有将端口分配到 VLAN112，所以 VLAN 会关闭，待将端口分配到各 VLAN 后，VLAN 会激活*/

第三步：设置端口全局参数。

Switch(Config)Interface Range Fa 0/1 - 24

Switch(Config-if-range)Switchport Mode Access

Switch(Config-if-range)Spanning-tree Portfast

第四步：将端口添加到 VLAN 中。

Switch(Config)Interface Range Fa 0/1-10//将 1-10 口加入到 VLAN112 中

Switch(Config-if-range)Switchport Access Vlan 112

Switch(Config-if-range)Exit

第五步：将 3550 作为 DHCP 服务器。

/*配置 VLAN112 所用的地址池和相应参数*/

Switch(Config)Ip Dhcp Pool server

Switch(Config-pool)Network 192.168.12.0 255.255.255.0

Switch(Config-pool)Dns-server 202.102.224.68 202.102.227.68

Switch(Config-pool)Default-router 192.168.12.1

第六步：设置 DHCP 保留不分配的地址。

Switch(Config)Ip Dhcp Excluded-address 192.168.12.2 192.168.12.10

第七步：启用路由。

/*路由启用后，VLAN 间主机可互相访问*/

Switch(Config)Ip Routing

第八步：配置访问控制列表。

Switch(Config)access-list 105 permit ip 192.168.12.0 0.0.0.255 192.168.5.0 0.0.0.255

Switch(Config)access-list 105 permit ip 192.168.5.0 0.0.0.255 192.168.12.0 0.0.0.255

Switch(Config)access-list 105 permit udp any any eq bootpc

Switch(Config)access-list 105 permit udp any any eq tftp

第九步：应用访问控制列表。

Switch(Config)Int Vlan105

Switch(Config-vlan)ip access-group 105 out

第十步：结束并保存配置。

Switch(Config-vlan)End

Switch#Copy Run Start

(二)交换机密码恢复

(1)拔掉交换机的电源线。

(2)用超级终端和控制线连到交换机，超级终端的设置是：

9600 baud rate

No parity

8 data bits

1 stop bit

No flow control

(3)按住交换机前面板的"mode"按钮，插上电源线，当端口 1 上面的灯不亮后，放松"mode" 按钮。

(4)这时超级终端上应该显示。

The system has been interrupted prior to initializing the flash file system.

The following commands will initialize the flash file system， and finish loading the operating system software:

flash_init

load_helper

boot

(5)输入 flash_init。

(6)输入 load_helper。

(7)输入 dir flash。这时显示：

Directory of flash:

2 -rwx 843947 Mar 01 1993 00:02:18 C2900XL-h-mz-112.8-SA

4 drwx 3776 Mar 01 1993 01:23:24 html

66 -rwx 130 Jan 01 1970 00:01:19 env_vars

68 -rwx 1296 Mar 01 1993 06:55:51 config.text

1728000 bytes total (456704 bytes free)

(8)输入 rename flash:config.text flash:config.old。

(9)输入 boot，重新启动系统。

(10)系统启动完后显示：Continue with the configuration dialog? [yes/no]：输入 N。

(11)输入 enable。

(12)进入 enable 模式后，输入 rename flash:config.old flash:config.text。

(13)接着按以下步骤操作：

Switch# copy flash:config.text system:running-config

Source filename [config.text]? (press Return)

Destination filename [running-config]? (press Return)

(14)接着按以下步骤操作：

switch#configure terminal

switch(config)#no enable secret

switch(config)#no enable password

switch(config)#exit

switch#write memory

(三)CISCO 路由器的基本配置

1. 路由器显示命令

router#show run   显示配置信息

router#show interface   显示接口信息

router#show ip route   显示路由信息

router#show cdp nei   显示邻居信息

router#reload   重新启动

2. 路由器口令设置

router>enable   进入特权模式

router#config terminal   进入全局配置模式

router(config)#hostname   设置交换机的主机名

router(config)#enable secret xxx   设置特权加密口令

router(config)#enable password xxb   设置特权非密口令

router(config)#line console 0   进入控制台口

router(config-line)#line vty 0 4   进入虚拟终端

router(config-line)#login   要求口令验证

router(config-line)#password xx   设置登录口令 xx

router(config)#(Ctrl+z)   返回特权模式

router#exit   返回命令

3. 路由器配置

router(config)#int s0/0   进入 Serail 接口

router(config-if)#no shutdown   激活当前接口

router(config-if)#clock rate 64000   设置同步时钟

router(config-if)#ip address   设置 IP 地址

router(config-if)#ip address second   设置第二个 IP

router(config-if)#int f0/0.1   进入子接口

router(config-subif.1)#ip address   设置子接口 IP

router(config-subif.1)#encapsulation dot1q   绑定 VLAN 中继协议

router(config)#config-register 0x2142   跳过配置文件

router(config)#config-register 0x2102   正常使用配置文件

router#reload   重新引导

4. 静态路由

router(config)#ip route 2.0.0.0 255.0.0.0 1.1.1.2   静态路由举例

router(config)#ip route 0.0.0.0 0.0.0.0 1.1.1.2   默认路由举例

5. 动态路由

router(config)#ip routing   启动路由转发

router(config)#router rip   启动 RIP 路由协议

router(config-router)#network   设置发布路由

router(config-router)#negihbor   点对点帧中继用

第三节   网络常见故障的排除方法

1. 网络中接入计算机怎么查看与交换机的接入端口?

获取要接入网络计算机的 MAC 地址,然后登录所连接的交换机,在特权模式下,使用命令 show mac address-table add 00e0.4d01.4c18,进行如下操作可查看与交换机所连接口:

```
C3550-2-3#show mac address-table add 00e0.4d01.4c18
          Mac Address Table
--------------------------------------------

Vlan      Mac Address        Type        Ports
----      -----------        --------    -----
   3      00e0.4d01.4c18     DYNAMIC     Fa0/8
Total Mac Addresses for this criterion: 1
```

2. 在 3 层交换上怎样查看某个网段是否有 ARP 攻击行为？

登录要查网段中三层交换机，进入特权模式，使用命令 show arp | in 192.168.17，获得如下显示：

```
CCRE-Switch#show arp | in 192.168.17
Internet   192.168.17.122   179   0013.7271.c324   ARPA   Vlan3
Internet   192.168.17.124   4     000d.5659.2720   ARPA   Vlan3
Internet   192.168.17.116   0     000d.5659.2779   ARPA   Vlan3
Internet   192.168.17.97    0     000d.565a.c431   ARPA   Vlan3
Internet   192.168.17.96    228   000d.565a.c3cb   ARPA   Vlan3
Internet   192.168.17.98    106   000d.565a.a17f   ARPA   Vlan3
Internet   192.168.17.101   0     000d.565a.a3ee   ARPA   Vlan3
Internet   192.168.17.100   2     000d.565a.a352   ARPA   Vlan3
Internet   192.168.17.39    90    000d.565a.a14d   ARPA   Vlan3
Internet   192.168.17.93    0     0010.4b15.7bc7   ARPA   Vlan3
Internet   192.168.17.94    4     0010.5a9d.fb02   ARPA   Vlan3
Internet   192.168.17.30    0     000d.565a.985a   ARPA   Vlan3
Internet   192.168.17.35    1     000d.565a.a332   ARPA   Vlan3
Internet   192.168.17.74    9     000d.565a.a150   ARPA   Vlan3
Internet   192.168.17.71    0     000d.565a.bba7   ARPA   Vlan3
Internet   192.168.17.3     1     000d.565a.a27f   ARPA   Vlan3
Internet   192.168.17.13    4     000d.565a.a272   ARPA   Vlan3
```

图中没有出现大量 MAC 地址一样的记录，说明网络状态正常，没有 ARP 攻击行为。

3. 在 3 层交换上查看某个 IP 地址对应的 MAC 地址？

登录到待查 IP 地址所属的三层交换机上，进入特权模式，使用命令 show arp | in 192.168.17.220，获得如下显示：

```
CORE-Switch#show arp | in 192.168.17.220
Internet   192.168.17.220   7   00e0.4d01.4c18   ARPA   Vlan3
CORE-Switch#
```

图中所查 IP 地址对应的 MAC 地址为 00e0.4d01.4c18。

4. 怎样在交换机中查看各端口连接状态？

远程登录 CISCO 交换机，使用 show ip interface brief 命令。可得到如下列表信息。

```
XLD-4506#show ip interface brief
Interface           IP-Address      OK? Method Status    Protocol
Vlan1               unassigned      YES NVRAM  down      down
Vlan105             192.168.5.1     YES NVRAM  up        up
Vlan106             192.168.6.1     YES NVRAM  up        up
Vlan107             192.168.7.1     YES NVRAM  up        up
Vlan108             192.168.8.1     YES NVRAM  up        up
Vlan109             192.168.9.1     YES NVRAM  up        up
Vlan110             192.168.10.1    YES NVRAM  up        up
Vlan111             192.168.11.1    YES NVRAM  up        up
Vlan112             192.168.12.1    YES NVRAM  up        up
Vlan113             192.168.13.1    YES NVRAM  up        up
Vlan150             192.168.50.1    YES NVRAM  up        up
Vlan151             192.168.51.1    YES NVRAM  up        up
Vlan152             192.168.52.1    YES NVRAM  up        up
Vlan153             192.168.53.1    YES manual up        up
Vlan154             192.168.54.1    YES manual up        up
Vlan999             192.168.2.1     YES NVRAM  up        up
GigabitEthernet1/1  unassigned      YES unset  down      down
GigabitEthernet1/2  unassigned      YES unset  down      down
GigabitEthernet2/1  unassigned      YES unset  up        up
GigabitEthernet2/2  unassigned      YES unset  down      down
GigabitEthernet2/3  unassigned      YES unset  up        up
GigabitEthernet2/4  unassigned      YES unset  down      down
GigabitEthernet2/5  unassigned      YES unset  up        up
GigabitEthernet2/6  unassigned      YES unset  down      down
GigabitEthernet2/7  unassigned      YES unset  up        up
```

5. 怎样在交换机中查看某个端口的状态？

远程登录 CISCO 交换机，使用 show interface fa0/14 命令。可得到如下列表信息。

```
XLD-4506#show interface fa5/14
FastEthernet5/14 is down, line protocol is down (notconnect)
  Hardware is Fast Ethernet Port, address is 000a.c7fe.72bd (bia 000a.c7fe.72bd)
  MTU 1500 bytes, BW 100000 Kbit, DLY 100 usec,
     reliability 255/255, txload 1/255, rxload 1/255
  Encapsulation ARPA, loopback not set
  Keepalive set (10 sec)
  Auto-duplex, Auto-speed, link type is auto, media type is 10/100BaseTX
  input flow-control is unsupported output flow-control is unsupported
  ARP type: ARPA, ARP Timeout 04:00:00
  Last input never, output never, output hang never
  Last clearing of "show interface" counters never
  Input queue: 0/2000/0/0 (size/max/drops/flushes); Total output drops: 0
  Queueing strategy: fifo
  Output queue: 0/40 (size/max)
  5 minute input rate 0 bits/sec, 0 packets/sec
  5 minute output rate 0 bits/sec, 0 packets/sec
     0 packets input, 0 bytes, 0 no buffer
     Received 0 broadcasts (0 multicast)
     0 runts, 0 giants, 0 throttles
     0 input errors, 0 CRC, 0 frame, 0 overrun, 0 ignored
     0 input packets with dribble condition detected
     0 packets output, 0 bytes, 0 underruns
     0 output errors, 0 collisions, 0 interface resets
     0 babbles, 0 late collision, 0 deferred
     0 lost carrier, 0 no carrier
     0 output buffer failures, 0 output buffers swapped out
XLD-4506#
```

第四节　任天行 M500 常见故障排除方法

1. 安装好设备后，我的 Windows 客户机不能通过 IE 浏览器进入管理界面？

请确认以下事项：

a.设备是否正确连接与配置；

b.确认能否 ping 通您设置的硬件设备的 IP 地址；

c.网线是否正常，请用测线器确认；

d.您在 IE 浏览器中输入的地址是否正确；

e.您为本设备配置的 IP 地址是否符合您的实际网络环境。

2. 为何停留在管理界面中一段时间后会弹出警告要我重新登录？

为安全性考虑，本系统管理界面会在您没有任何操作超过 30 分钟后自动注销您此次的登录，您必须重新登录一次。

3. 查看滚动的实时上网日志时为什么很少看到除 HTTP 外其他协议的记录？

由于终端计算机上网时 90%以上的请求都是浏览网页，因此很容易看到大量的 HTTP 协议的请求，其他协议的请求会在最后面显示，耐心等待就可以看到。

4. 使用网络诊断的 ping 功能时，为什么有的地址能用浏览器访问，但是不能 ping 到？

相当一部分网站服务器基于安全因素考虑，关闭了 ping 响应，造成 ping 不到，但是使用浏览器访问就能访问。

5. 使用网络诊断的 ping 功能时，为什么只能 ping 到 IP 地址，域名则不能 ping 到？

请确认您在"网络配置"中是否配置了正确的 DNS 服务器，如果您没有自己的 DNS 服务器，可以查询当地的 ISP 获得公共的 DNS 地址。

6. 使用 BT 下载过滤功能时，为什么部分 BT 还是可以下载？

已经进行 BT 下载时再运行 BT 控制功能，已经开始下载的文件无法封堵。

7. 为什么设置了 QQ 封堵功能，QQ 没有被封堵？

a.先查看"系统管理"的"内网网段"中是否设置了封堵 QQ 机器的 IP 段地址数据；

b.全局控制时，请查看是否进行封堵动作；

c.策略控制时，请查看设置该策略是否被应用于需要进行 QQ 封堵的机器。

8. 使用站点封堵功能(站点黑名单、不良站点封堵等)时，为什么没有立刻封堵？

请再登录几个站点，站点过滤功能一般 1~3 s 立刻生效，极少数情况 2~5 s 才生效。

9. 下列情况影响代理检测功能。

a.安装代理服务器的机器安装了防火墙，导致无法检测到该机器；

b.机器安装了虚拟机或其他虚拟设备模拟网关发包，导致被检测出来该机器实际未安装代理服务器。

10. 登录管理界面的密码忘记了怎么办？

您可以先在登录界面通过点击"忘记密码"来找回密码，然后根据提示填入你注册时的信息资料，正确填写后系统会把密码发到您注册时填写的邮箱里。如果您注册时没有填写真实的邮箱，请联系任子行公司客户服务部寻求支持。各种联系方式请参考第六章技术支持。

附 录

附录 1 郑州生产调度中心网络交换机配置表

一、办公区 4507 交换机

```
CORE-Switch#show run
Building configuration...

Current configuration : 11507 bytes
!
version 12.2
no service pad
service timestamps debug uptime
service timestamps log datetime
no service password-encryption
service compress-config
service sequence-numbers
!
hostname CORE-Switch
!
boot-start-marker
boot system flash bootflash:cat4500-entservices-mz.122-40.SG.bin
boot system flash bootflash:cat4000-i9s-mz.121-19.EW1.bin
boot-end-marker
!
enable secret 5 $1$vt6/$xOpqI2TF8bTBaFR4lWggh0
enable password ******
!
no aaa new-model
ip subnet-zero
no ip domain-lookup
ip dhcp excluded-address 192.168.17.1
ip dhcp excluded-address 192.168.18.1
ip dhcp excluded-address 192.168.20.1
```

```
!
ip dhcp pool vlan3
   network 192.168.17.0 255.255.255.0
   default-router 192.168.17.1
   dns-server 218.28.34.202
   lease 0 0 30
!
ip dhcp pool vlan4
   network 192.168.18.0 255.255.255.0
   default-router 192.168.18.1
   dns-server 218.28.34.202
   lease 0 0 30
!
ip dhcp pool vlan5
   network 192.168.20.0 255.255.255.0
   default-router 192.168.20.1
   dns-server 218.28.34.202
   lease 0 0 30
!
cluster run
!
power redundancy-mode redundant
!
!
spanning-tree mode pvst
spanning-tree extend system-id
!
redundancy
 mode rpr
 main-cpu
   auto-sync standard
!
vlan internal allocation policy ascending
!
interface GigabitEthernet1/1
!
interface GigabitEthernet1/2
!
```

```
interface GigabitEthernet2/1
!
interface GigabitEthernet2/2
!
interface GigabitEthernet3/1
  description TO PeiXianJian-2-1
  switchport trunk encapsulation dot1q
  switchport mode trunk
!
interface GigabitEthernet3/2
  description TO PeiXianJian-2-2
  switchport trunk encapsulation dot1q
  switchport mode trunk
!
interface GigabitEthernet3/3
  description TO PeiXianJian-2-3
  switchport mode trunk
!
interface GigabitEthernet3/4
  description TO PeiXianJian-3-1
  switchport mode trunk
!
interface GigabitEthernet3/5
  description TO PeiXianJian-4-1
  switchport mode trunk
!
interface GigabitEthernet3/6
  description TO PeiXianJian-4-2
  switchport mode trunk
  flowcontrol send off
!
interface GigabitEthernet3/7
  description TO PeiXianJian-5-1
  switchport mode trunk
!
interface GigabitEthernet3/8
  description TO PeiXianJian-5-2
  switchport mode trunk
```

```
!
interface GigabitEthernet3/9
  description TO PeiXianJian-6-1
  switchport mode trunk
!
interface GigabitEthernet3/10
  description TO PeiXianJian-7-1
  switchport mode trunk
!
interface GigabitEthernet3/11
  description to6lou
  switchport mode trunk
!
interface GigabitEthernet3/12
!
interface GigabitEthernet3/13
!
interface GigabitEthernet3/14
!
interface GigabitEthernet3/15
!
interface GigabitEthernet3/16
!
interface GigabitEthernet3/17
!
interface GigabitEthernet3/18
!
interface GigabitEthernet4/1
  switchport access vlan 2
  switchport mode access
!
interface GigabitEthernet4/2
  switchport access vlan 2
  switchport mode access
!
interface GigabitEthernet4/3
  switchport access vlan 2
  switchport mode access
```

```
!
interface GigabitEthernet4/4
 switchport access vlan 2
 switchport mode access
!
interface GigabitEthernet4/5
 switchport access vlan 2
 switchport mode access
!
interface GigabitEthernet4/6
 switchport access vlan 2
 switchport mode access
!
interface GigabitEthernet4/7
 switchport access vlan 2
 switchport mode access
!
interface GigabitEthernet4/8
 switchport access vlan 2
 switchport mode access
!
interface GigabitEthernet4/9
 switchport access vlan 2
 switchport mode access
!
interface GigabitEthernet4/10
 switchport access vlan 2
 switchport mode access
!
interface GigabitEthernet4/11
 switchport access vlan 2
 switchport mode access
!
interface GigabitEthernet4/12
 switchport access vlan 2
 switchport mode access
!
interface GigabitEthernet4/13
```

```
  switchport access vlan 2
  switchport mode access
!
interface GigabitEthernet4/14
  switchport access vlan 2
  switchport mode access
!
interface GigabitEthernet4/15
  switchport access vlan 2
  switchport mode access
!
interface GigabitEthernet4/16
  switchport access vlan 2
  switchport mode access
!
interface GigabitEthernet4/17
  switchport access vlan 2
  switchport mode access
!
interface GigabitEthernet4/18
  switchport access vlan 2
  switchport mode access
!
interface GigabitEthernet4/19
  switchport access vlan 2
  switchport mode access
!
interface GigabitEthernet4/20
  switchport access vlan 2
  switchport mode access
!
interface GigabitEthernet4/21
  switchport access vlan 2
  switchport mode access
!
interface GigabitEthernet4/22
  switchport access vlan 2
  switchport mode access
```

```
!
interface GigabitEthernet4/23
 switchport access vlan 2
 switchport mode access
!
interface GigabitEthernet4/24
 description To PIX-Bangong
 no switchport
 ip address 192.168.16.82 255.255.255.248
!
interface FastEthernet5/1
 switchport access vlan 4
 switchport mode access
 spanning-tree portfast
!
interface FastEthernet5/2
 switchport access vlan 4
 switchport mode access
 spanning-tree portfast
!
interface FastEthernet5/3
 switchport access vlan 4
 switchport mode access
 spanning-tree portfast
!
interface FastEthernet5/4
 switchport access vlan 4
 switchport mode access
 spanning-tree portfast
!
interface FastEthernet5/5
 switchport access vlan 4
 switchport mode access
 spanning-tree portfast
!
interface FastEthernet5/6
 switchport access vlan 4
 switchport mode access
```

```
  spanning-tree portfast
!
interface FastEthernet5/7
  switchport access vlan 4
  switchport mode access
  spanning-tree portfast
!
interface FastEthernet5/8
  switchport access vlan 4
  switchport mode access
  spanning-tree portfast
!
interface FastEthernet5/9
  switchport access vlan 4
  switchport mode access
  spanning-tree portfast
!
interface FastEthernet5/10
  switchport access vlan 4
  switchport mode access
  spanning-tree portfast
!
interface FastEthernet5/11
  switchport access vlan 4
  switchport mode access
  spanning-tree portfast
!
interface FastEthernet5/12
  switchport access vlan 4
  switchport mode access
  spanning-tree portfast
!
interface FastEthernet5/13
  switchport access vlan 4
  switchport mode access
  spanning-tree portfast
!
interface FastEthernet5/14
```

```
  switchport access vlan 4
  switchport mode access
  spanning-tree portfast
!
interface FastEthernet5/15
  switchport access vlan 2
  switchport mode access
  spanning-tree portfast
!
interface FastEthernet5/16
  switchport access vlan 4
  switchport mode access
  spanning-tree portfast
!
interface FastEthernet5/17
  switchport access vlan 2
  switchport mode access
  spanning-tree portfast
!
interface FastEthernet5/18
  switchport access vlan 4
  switchport mode access
  spanning-tree portfast
!
interface FastEthernet5/19
  switchport access vlan 4
  switchport mode access
  spanning-tree portfast
!
interface FastEthernet5/20
  switchport access vlan 4
  switchport mode access
  spanning-tree portfast
!
interface FastEthernet5/21
  switchport access vlan 4
  switchport mode access
  spanning-tree portfast
```

```
!
interface FastEthernet5/22
  switchport access vlan 4
  switchport mode access
  spanning-tree portfast
!
interface FastEthernet5/23
  switchport access vlan 4
  switchport mode access
  spanning-tree portfast
!
interface FastEthernet5/24
  switchport access vlan 4
  switchport mode access
  spanning-tree portfast
!
interface FastEthernet5/25
  switchport access vlan 4
  switchport mode access
  spanning-tree portfast
!
interface FastEthernet5/26
  switchport access vlan 4
  switchport mode access
  spanning-tree portfast
!
interface FastEthernet5/27
  switchport access vlan 4
  switchport mode access
  spanning-tree portfast
!
interface FastEthernet5/28
  switchport access vlan 4
  switchport mode access
  spanning-tree portfast
!
interface FastEthernet5/29
  switchport access vlan 4
```

```
   switchport mode access
   spanning-tree portfast
!
interface FastEthernet5/30
   switchport access vlan 4
   switchport mode access
   spanning-tree portfast
!
interface FastEthernet5/31
   switchport access vlan 4
   switchport mode access
   spanning-tree portfast
!
interface FastEthernet5/32
   switchport access vlan 4
   switchport mode access
   spanning-tree portfast
!
interface FastEthernet5/33
   switchport access vlan 4
   switchport mode access
   spanning-tree portfast
!
interface FastEthernet5/34
   switchport access vlan 4
   switchport mode access
   spanning-tree portfast
!
interface FastEthernet5/35
   switchport access vlan 4
   switchport mode access
   spanning-tree portfast
!
interface FastEthernet5/36
   switchport access vlan 4
   switchport mode access
   spanning-tree portfast
!
```

```
interface FastEthernet5/37
  switchport access vlan 4
  switchport mode access
  spanning-tree portfast
!
interface FastEthernet5/38
  switchport access vlan 4
  switchport mode access
  spanning-tree portfast
!
interface FastEthernet5/39
  switchport access vlan 4
  switchport mode access
  spanning-tree portfast
!
interface FastEthernet5/40
  switchport access vlan 4
  switchport mode access
  spanning-tree portfast
!
interface FastEthernet5/41
  switchport access vlan 5
  switchport mode access
  spanning-tree portfast
!
interface FastEthernet5/42
  switchport access vlan 5
  switchport mode access
  spanning-tree portfast
!
interface FastEthernet5/43
  switchport access vlan 5
  switchport mode access
  spanning-tree portfast
!
interface FastEthernet5/44
  switchport access vlan 5
  switchport mode access
```

```
    spanning-tree portfast
!
interface FastEthernet5/45
  switchport access vlan 5
  switchport mode access
  spanning-tree portfast
!
interface FastEthernet5/46
  switchport access vlan 5
  switchport mode access
  spanning-tree portfast
!
interface FastEthernet5/47
  switchport access vlan 5
  switchport mode access
  spanning-tree portfast
!
interface FastEthernet5/48
  switchport access vlan 5
  switchport mode access
  spanning-tree portfast
!
interface Vlan1
  description Administrator Vlan
  ip address 192.168.16.254 255.255.255.240
!
interface Vlan2
  ip address 192.168.16.1 255.255.255.192
!
interface Vlan3
  ip address 192.168.17.1 255.255.255.0
!
interface Vlan4
  ip address 192.168.18.1 255.255.255.0
  no ip redirects
!
interface Vlan5
  ip address 192.168.20.1 255.255.255.0
```

!
ip route 0.0.0.0 0.0.0.0 192.168.16.81
ip route 192.168.11.0 255.255.255.0 192.168.16.81
ip route 192.168.12.0 255.255.255.0 192.168.16.81
ip route 192.168.13.0 255.255.255.0 192.168.16.81
ip route 192.168.15.0 255.255.255.0 192.168.16.81
ip route 192.168.16.64 255.255.255.224 192.168.16.81
ip route 192.168.19.0 255.255.255.224 192.168.16.81
ip route 192.168.30.0 255.255.255.0 192.168.16.81
ip route 192.168.31.0 255.255.255.0 192.168.16.81
ip route 192.168.32.0 255.255.255.0 192.168.16.81
ip route 192.168.33.0 255.255.255.0 192.168.16.81
ip route 192.168.254.0 255.255.255.0 192.168.16.81
ip route 218.28.34.200 255.255.255.248 192.168.16.81
ip http server
!
!
!
logging 192.168.16.19
access-list 18 permit 192.168.18.0 0.0.0.255
!
!
snmp-server community public RO
snmp-server community private RW
snmp-server enable traps snmp authentication linkdown linkup coldstart warmstart
snmp-server enable traps fru-ctrl
snmp-server enable traps entity
snmp-server enable traps flash insertion removal
snmp-server enable traps vtp
snmp-server enable traps vlancreate
snmp-server enable traps vlandelete
snmp-server enable traps port-security
snmp-server enable traps bgp
snmp-server enable traps config
snmp-server enable traps hsrp
snmp-server enable traps rf
snmp-server enable traps bridge newroot topologychange
snmp-server enable traps stpx inconsistency root-inconsistency loop-inconsistency

snmp-server enable traps syslog

snmp-server enable traps vlan-membership

snmp-server host 192.168.16.19 version 2c public

!

control-plane

!

!

line con 0

　password********

　login

　stopbits 1

line vty 0 4

　password ********

　login

!

End

二、家属区 3550 交换机

CoreSwitch-JiaShuQu#show run

Building configuration...

Current configuration : 4157 bytes

!

version 12.1

no service pad

service timestamps debug uptime

service timestamps log datetime

no service password-encryption

service sequence-numbers

!

hostname CoreSwitch-JiaShuQu

!

enable secret 5 1SNJY$RMfz2h3yq.lYY8lsjRUol0

enable password xiaolangdi1204

!

errdisable recovery cause udld

errdisable recovery cause bpduguard

errdisable recovery cause security-violation

```
errdisable recovery cause channel-misconfig
errdisable recovery cause pagp-flap
errdisable recovery cause dtp-flap
errdisable recovery cause link-flap
errdisable recovery cause l2ptguard
errdisable recovery cause psecure-violation
errdisable recovery cause vmps
errdisable recovery cause gbic-invalid
errdisable recovery cause loopback
ip subnet-zero
ip routing
ip dhcp excluded-address 192.168.15.254
ip dhcp excluded-address 192.168.14.254
!
ip dhcp pool JiaShuQu
   network 192.168.15.0 255.255.255.0
   default-router 192.168.15.1
   dns-server 202.102.224.68
   lease 30
!
ip dhcp pool MenYuan
   network 192.168.14.0 255.255.255.0
   default-router 192.168.14.1
   dns-server 202.102.224.68
   lease 30
!
ip dhcp pool ZongHeLou
   network 192.168.40.0 255.255.255.0
   default-router 192.168.40.1
   dns-server 202.102.224.68
   lease 30
!
ip dhcp pool zhl-oa
   network 192.168.41.0 255.255.255.0
   default-router 192.168.41.1
   dns-server 202.102.224.68
   lease 30
!
```

```
cluster enable xldjiashuqu 1
!
spanning-tree mode pvst
spanning-tree extend system-id
!
!
!
interface GigabitEthernet0/1
 description To Jiashlou-1-2948
 switchport mode access
 no ip address
!
interface GigabitEthernet0/2
 description To Jiashlou-1-2924
 switchport mode access
 no ip address
!
interface GigabitEthernet0/3
 description To Jiashlou-2-2948-1
 switchport mode access
 no ip address
!
interface GigabitEthernet0/4
 description To Jiashlou-2-2948-2
 switchport mode access
 no ip address
!
interface GigabitEthernet0/5
 description To Jiashlou-2-2924
 switchport mode access
 no ip address
!
interface GigabitEthernet0/6
 switchport mode access
 no ip address
!
interface GigabitEthernet0/7
 switchport trunk encapsulation dot1q
```

```
    switchport mode trunk
    no ip address
    speed nonegotiate
!
interface GigabitEthernet0/8
    switchport trunk encapsulation dot1q
    switchport mode trunk
    no ip address
!
interface GigabitEthernet0/9
    switchport trunk encapsulation dot1q
    switchport mode trunk
    no ip address
    speed nonegotiate
!
interface GigabitEthernet0/10
    switchport trunk encapsulation dot1q
    switchport mode trunk
    no ip address
!
interface GigabitEthernet0/11
    switchport mode access
    no ip address
!
interface GigabitEthernet0/12
    no switchport
    ip address 192.168.16.90 255.255.255.248
!
interface Vlan1
    ip address 192.168.15.1 255.255.255.0
!
interface Vlan2
    description mengyuan
    ip address 192.168.14.1 255.255.255.0
!
interface Vlan3
    description zonghelou
    ip address 192.168.40.1 255.255.255.0
```

```
!
interface Vlan4
  description zhl-oa
  ip address 192.168.41.1 255.255.255.0
!
interface Vlan44
  ip address 192.168.44.1 255.255.255.0
!
ip classless
ip route 0.0.0.0 0.0.0.0 192.168.16.89
ip http server
!
ip access-list extended CMP-NAT-ACL
  dynamic Cluster-HSRP deny ip any any
  dynamic Cluster-NAT permit ip any any
!
!
snmp-server community public RO
snmp-server community private RW
snmp-server community public@es1 RO
snmp-server community private@es1 RW
snmp-server enable traps snmp authentication warmstart linkdown linkup coldstart
snmp-server enable traps config
snmp-server enable traps entity
snmp-server enable traps flash insertion removal
snmp-server enable traps bridge
snmp-server enable traps rtr
snmp-server enable traps port-security
snmp-server enable traps vlan-membership
snmp-server enable traps vtp
snmp-server enable traps vlancreate
snmp-server enable traps vlandelete
snmp-server enable traps envmon fan shutdown supply temperature
snmp-server enable traps MAC-Notification
snmp-server enable traps hsrp
snmp-server enable traps cluster
snmp-server enable traps syslog
snmp-server enable traps bgp
```

```
snmp-server host 192.168.16.19 version 2c public
!
line con 0
  password cisco
  login
line vty 0 4
  password cisco
  login
line vty 5 15
  login
!
end
```

附录 2 洛阳基地网络中心交换机配置表

洛阳生活区 3550 交换机

```
Switch#show run
Building configuration...

Current configuration : 3448 bytes
!
version 12.1
no service pad
service timestamps debug uptime
service timestamps log uptime
service password-encryption
!
hostname Switch
!
enable secret 5 $1$UASR$6nSWpqtuHps7HySShiaYS0
!
ip subnet-zero
ip routing
!
ip dhcp pool vlan1
    network 192.168.31.0 255.255.255.0
    default-router 192.168.31.1
    domain-name cisco
```

```
        dns-server 202.102.224.68
        lease 30
!
ip dhcp pool vlan2
        network 192.168.32.0 255.255.255.0
        default-router 192.168.32.1
        domain-name cisco
        dns-server 202.102.224.68
        lease 30
!
ip dhcp pool vlan3
        network 192.168.33.0 255.255.255.0
        domain-name cisco
        default-router 192.168.33.1
        dns-server 202.102.224.68
        lease 30
!
ip dhcp pool vlan4
        network 192.168.34.0 255.255.255.0
        default-router 192.168.34.1
        dns-server 202.102.224.68
        domain-name cisco
        lease 30
!
ip name-server 202.102.224.68
!
spanning-tree mode pvst
spanning-tree extend system-id
!
!
!
interface GigabitEthernet0/1
 description =to floor 2=
 switchport mode access
 no ip address
!
interface GigabitEthernet0/2
 description =to floor 3=
```

```
 switchport mode access
 no ip address
!
interface GigabitEthernet0/3
 description =to floor 4=
 switchport mode access
 no ip address
!
interface GigabitEthernet0/4
 description =to floor 5=
 switchport mode access
 no ip address
!
interface GigabitEthernet0/5
 description =to floor 6=
 switchport access vlan 2
 switchport mode access
 no ip address
!
interface GigabitEthernet0/6
 description =to floor 7=
 switchport access vlan 2
 switchport mode access
 no ip address
!
interface GigabitEthernet0/7
 description =to floor 8=
 switchport access vlan 2
 switchport mode access
 no ip address
!
interface GigabitEthernet0/8
 description = to floor 9=
 switchport access vlan 2
 switchport mode access
 no ip address
!
interface GigabitEthernet0/9
```

```
description =to xld hotel=
switchport access vlan 3
switchport mode access
no ip address
!
interface GigabitEthernet0/10
switchport access vlan 4
switchport mode access
no ip address
!
interface GigabitEthernet0/11
switchport mode access
no ip address
ip access-group 11 in
!
interface GigabitEthernet0/12
no switchport
ip address 192.168.30.1 255.255.255.0
!
interface Vlan1
ip address 192.168.31.1 255.255.255.0
!
interface Vlan2
ip address 192.168.32.1 255.255.255.0
!
interface Vlan3
ip address 192.168.33.1 255.255.255.0
!
interface Vlan4
ip address 192.168.34.1 255.255.255.0
!
ip classless
ip route 0.0.0.0 0.0.0.0 192.168.30.2
ip http server
!
!
access-list 11 permit 192.168.31.23
access-list 11 permit 192.168.31.22
```

```
access-list 11 permit 192.168.31.21
access-list 11 permit 192.168.31.20
access-list 11 permit 192.168.31.19
access-list 11 permit 192.168.31.18
access-list 11 permit 192.168.31.17
access-list 11 permit 192.168.31.16
access-list 11 permit 192.168.31.25
access-list 11 permit 192.168.31.24
access-list 11 permit 192.168.31.7
access-list 11 permit 192.168.31.6
access-list 11 permit 192.168.31.5
access-list 11 permit 192.168.31.4
access-list 11 permit 192.168.31.3
access-list 11 permit 192.168.31.2
access-list 11 permit 192.168.31.15
access-list 11 permit 192.168.31.14
access-list 11 permit 192.168.31.13
access-list 11 permit 192.168.31.12
access-list 11 permit 192.168.31.11
access-list 11 permit 192.168.31.10
access-list 11 permit 192.168.31.9
access-list 11 permit 192.168.31.8
!
line con 0
line vty 0 4
 password 7 151E1214082E79747867
 login
line vty 5 15
 login
!
end
```

附录3　小浪底水利枢纽管理区中心交换机配置表

4506 交换机

```
XLD-4506#show run
Building configuration...
```

Current configuration : 19256 bytes
!
version 12.2
no service pad
service timestamps debug uptime
service timestamps log datetime
no service password-encryption
service compress-config
!
hostname XLD-4506
!
logging console alerts
logging monitor errors
enable secret 5 1Q59Y$3AEcG02A4Fvdk5JYjpxby0
!
vtp mode transparent
ip subnet-zero
ip dhcp excluded-address 192.168.13.1 192.168.13.20
!
ip dhcp pool Dianchang
    network 192.168.13.0 255.255.255.0
    dns-server 202.102.224.68 202.102.227.68
    default-router 192.168.13.1
    lease 3
!
ip dhcp pool Xiqu
    network 192.168.11.0 255.255.255.0
    default-router 192.168.11.1
    dns-server 202.102.224.68 202.102.227.68
    lease 3
!
ip dhcp pool Bangonglou
    network 192.168.6.0 255.255.255.0
    default-router 192.168.6.1
    dns-server 202.102.224.68 202.102.227.68
    lease 3
!

```
ip dhcp pool Gongchenggongsi
    network 192.168.10.0 255.255.255.0
    dns-server 202.102.224.68 202.102.227.68
    default-router 192.168.10.1
    lease 3
!
ip dhcp pool Xixiaoyuan
    network 192.168.9.0 255.255.255.0
    dns-server 202.102.224.68 202.102.227.68
    default-router 192.168.9.1
    lease 3
!
ip dhcp pool Gongyulou
    network 192.168.7.0 255.255.255.0
    dns-server 202.102.224.68 202.102.227.68
    default-router 192.168.7.1
    lease 3
!
ip dhcp pool vlan105
    network 192.168.5.0 255.255.255.0
    dns-server 202.102.224.68 202.102.227.68
    default-router 192.168.5.1
    lease 3
!
ip dhcp pool vlan151
    network 192.168.51.0 255.255.255.0
    dns-server 202.102.224.68 202.102.227.68
    default-router 192.168.51.1
    lease 3
!
ip dhcp pool vlan152
    network 192.168.52.0 255.255.255.0
    dns-server 202.102.224.68 202.102.227.68
    default-router 192.168.52.1
    lease 3
!
ip dhcp pool vlan0150
    network 192.168.50.0 255.255.255.0
```

```
    dns-server 202.102.224.68 202.102.227.68
    default-router 192.168.50.1
    lease 3
!
ip dhcp pool Yiyuandeng
    network 192.168.8.0 255.255.255.0
    dns-server 202.102.224.68 202.102.227.68
    default-router 192.168.8.1
    lease 3
!
ip dhcp pool xiqu2
    network 192.168.54.0 255.255.255.0
    dns-server 202.102.224.68 202.102.227.68
    default-router 192.168.54.1
    lease 3
!
ip dhcp-server 192.168.1.1
spanning-tree mode pvst
spanning-tree extend system-id
power dc input 2500
!
!
!
!
vlan 5
!
vlan 105
    name 6-7-8lou
!
vlan 106
    name Bangonglou
!
vlan 107
    name Gongyulou
!
vlan 108
    name Yiyuandeng
!
```

```
vlan 109
  name Xixiayuan
!
vlan 110
  name Gongchenggongsi
!
vlan 111
  name Xiqu
!
vlan 112
  name Server
!
vlan 113
  name Dianchang
!
vlan 150-152
!
vlan 153
  name nanbeidamen
!
vlan 154
  name xiqu2
!
vlan 999
name To-PIX
!
interface Loopback0
  ip address 192.168.1.1 255.255.255.0
!
interface GigabitEthernet1/1
!
interface GigabitEthernet1/2
!
interface GigabitEthernet2/1
  switchport trunk allowed vlan 105, 106, 112
!
interface GigabitEthernet2/2
  switchport trunk allowed vlan 105, 106, 112
```

```
!
interface GigabitEthernet2/3
  switchport trunk allowed vlan 105, 106, 112
  switchport mode trunk
!
interface GigabitEthernet2/4
  switchport trunk allowed vlan 105, 106, 112
  switchport mode trunk
!
interface GigabitEthernet2/5
  switchport trunk allowed vlan 105, 106, 112
!
interface GigabitEthernet2/6
  switchport trunk allowed vlan 105, 106, 112
!
interface GigabitEthernet2/7
  switchport trunk allowed vlan 105, 106, 112
!
interface GigabitEthernet2/8
  switchport trunk allowed vlan 105, 106, 112
!
interface GigabitEthernet2/9
!
interface GigabitEthernet2/10
!
interface GigabitEthernet2/11
!
interface GigabitEthernet2/12
!
interface GigabitEthernet2/13
!
interface GigabitEthernet2/14
!
interface GigabitEthernet2/15
!
interface GigabitEthernet2/16
!
interface GigabitEthernet2/17
```

```
!
interface GigabitEthernet2/18
!
interface GigabitEthernet3/1
  switchport access vlan 112
!
interface GigabitEthernet3/2
  switchport access vlan 112
!
interface GigabitEthernet3/3
  switchport access vlan 112
!
interface GigabitEthernet3/4
  switchport access vlan 112
!
interface GigabitEthernet3/5
  switchport access vlan 112
!
interface GigabitEthernet3/6
  switchport access vlan 112
!
interface GigabitEthernet3/7
  switchport access vlan 112
!
interface GigabitEthernet3/8
  switchport access vlan 112
!
interface GigabitEthernet3/9
  switchport access vlan 112
!
interface GigabitEthernet3/10
  switchport access vlan 112
!
interface GigabitEthernet3/11
  switchport access vlan 112
!
interface GigabitEthernet3/12
  switchport access vlan 112
```

```
!
interface GigabitEthernet3/13
  switchport access vlan 999
  switchport mode access
!
interface GigabitEthernet3/14
  switchport access vlan 107
  switchport mode access
!
interface GigabitEthernet3/15
  switchport access vlan 152
  switchport mode access
!
interface GigabitEthernet3/16
  switchport access vlan 108
  switchport mode access
!
interface GigabitEthernet3/17
  switchport access vlan 151
  switchport mode access
!
interface GigabitEthernet3/18
  switchport access vlan 150
  switchport mode access
!
interface GigabitEthernet3/19
  switchport access vlan 108
  switchport mode access
!
interface GigabitEthernet3/20
  switchport access vlan 109
!
interface GigabitEthernet3/21
  switchport access vlan 110
!
interface GigabitEthernet3/22
  switchport trunk encapsulation dot1q
  switchport trunk allowed vlan 111, 154
```

```
    switchport mode trunk
!
interface GigabitEthernet3/23
    switchport access vlan 113
!
interface GigabitEthernet3/24
    description To-PIX
    switchport access vlan 999
!
interface FastEthernet5/1
switchport access vlan 105
    ip access-group 1 in
!
interface FastEthernet5/2
    switchport access vlan 105
    ip access-group 2 in
!
interface FastEthernet5/3
    switchport access vlan 105
    ip access-group 3 in
!
interface FastEthernet5/4
    switchport access vlan 105
    ip access-group 4 in
!
interface FastEthernet5/5
    switchport access vlan 105
    ip access-group 5 in
!
interface FastEthernet5/6
    switchport access vlan 105
    ip access-group 6 in
!
interface FastEthernet5/7
    switchport access vlan 105
    ip access-group 7 in
!
interface FastEthernet5/8
```

```
   switchport access vlan 105
   ip access-group 8 in
!
interface FastEthernet5/9
   switchport access vlan 105
   ip access-group 9 in
!
interface FastEthernet5/10
   switchport access vlan 105
   ip access-group 10 in
!
interface FastEthernet5/11
   switchport access vlan 105
   ip access-group 11 in
!
interface FastEthernet5/12
   switchport access vlan 105
   ip access-group 12 in
!
interface FastEthernet5/13
   switchport access vlan 105
   ip access-group 13 in
!
interface FastEthernet5/14
   switchport access vlan 105
   ip access-group 14 in
!
interface FastEthernet5/15
   switchport access vlan 105
   ip access-group 15 in
!
interface FastEthernet5/16
   switchport access vlan 105
   ip access-group 16 in
!
interface FastEthernet5/17
   switchport access vlan 105
   ip access-group 17 in
```

```
!
interface FastEthernet5/18
  switchport access vlan 105
  ip access-group 18 in
!
interface FastEthernet5/19
  switchport access vlan 105
  ip access-group 19 in
!
interface FastEthernet5/20
  switchport access vlan 105
  ip access-group 20 in
!
interface FastEthernet5/21
  switchport access vlan 105
  ip access-group 21 in
!
interface FastEthernet5/22
  switchport access vlan 105
  ip access-group 22 in
!
interface FastEthernet5/23
  switchport access vlan 105
  ip access-group 23 in
!
interface FastEthernet5/24
  switchport access vlan 105
  ip access-group 24 in
!
interface FastEthernet5/25
  switchport access vlan 105
  ip access-group 25 in
!
interface FastEthernet5/26
  switchport access vlan 105
  ip access-group 26 in
!
interface FastEthernet5/27
```

```
    switchport access vlan 105
    ip access-group 27 in
!
interface FastEthernet5/28
    switchport access vlan 105
    ip access-group 28 in
!
interface FastEthernet5/29
    switchport access vlan 105
    ip access-group 29 in
!
interface FastEthernet5/30
    switchport access vlan 105
    ip access-group 30 in
!
interface FastEthernet5/31
    switchport access vlan 105
    ip access-group 31 in
!
interface FastEthernet5/32
    switchport access vlan 105
    ip access-group 32 in
!
interface FastEthernet5/33
    switchport access vlan 105
    ip access-group 33 in
!
interface FastEthernet5/34
    switchport access vlan 105
    ip access-group 34 in
!
interface FastEthernet5/35
    switchport access vlan 105
    ip access-group 35 in
!
interface FastEthernet5/36
    switchport access vlan 105
    ip access-group 36 in
```

!
interface FastEthernet5/37
  switchport access vlan 105
  ip access-group 37 in
!
interface FastEthernet5/38
  switchport access vlan 105
  ip access-group 38 in
!
interface FastEthernet5/39
  switchport access vlan 105
  ip access-group 39 in
!
interface FastEthernet5/40
  switchport access vlan 105
  ip access-group 40 in
!
interface FastEthernet5/41
  switchport access vlan 105
  ip access-group 41 in
!
interface FastEthernet5/42
  switchport access vlan 105
  ip access-group 42 in
!
interface FastEthernet5/43
  switchport access vlan 105
  ip access-group 43 in
!
interface FastEthernet5/44
  switchport access vlan 105
  ip access-group 44 in
!
interface FastEthernet5/45
  switchport access vlan 105
  ip access-group 45 in
!
interface FastEthernet5/46

```
    switchport access vlan 105
    ip access-group 46 in
!
interface FastEthernet5/47
    switchport access vlan 105
    ip access-group 47 in
!
interface FastEthernet5/48
    switchport access vlan 105
    ip access-group 48 in
!
interface FastEthernet6/1
    switchport access vlan 105
    ip access-group 49 in
!
interface FastEthernet6/2
    switchport access vlan 105
    ip access-group 50 in
!
interface FastEthernet6/3
    switchport access vlan 105
    ip access-group 51 in
!
interface FastEthernet6/4
    switchport access vlan 105
    ip access-group 52 in
!
interface FastEthernet6/5
    switchport access vlan 105
    ip access-group 53 in
!
interface FastEthernet6/6
    switchport access vlan 105
    ip access-group 54 in
!
interface FastEthernet6/7
    switchport access vlan 105
    ip access-group 55 in
```

```
!
interface FastEthernet6/8
  switchport access vlan 105
  ip access-group 56 in
!
interface FastEthernet6/9
  switchport access vlan 105
  ip access-group 57 in
!
interface FastEthernet6/10
  switchport access vlan 105
  ip access-group 58 in
!
interface FastEthernet6/11
  switchport access vlan 105
  ip access-group 59 in
!
interface FastEthernet6/12
  switchport access vlan 105
  ip access-group 60 in
!
interface FastEthernet6/13
  switchport access vlan 105
  ip access-group 61 in
!
interface FastEthernet6/14
  switchport access vlan 105
  ip access-group 62 in
!
interface FastEthernet6/15
  switchport access vlan 105
  ip access-group 63 in
!
interface FastEthernet6/16
  switchport access vlan 105
  ip access-group 64 in
!
interface FastEthernet6/17
```

```
    switchport access vlan 105
    ip access-group 65 in
!
interface FastEthernet6/18
    switchport access vlan 105
    ip access-group 66 in
!
interface FastEthernet6/19
    switchport access vlan 105
    ip access-group 67 in
!
interface FastEthernet6/20
    switchport access vlan 105
    ip access-group 68 in
!
interface FastEthernet6/21
    switchport access vlan 105
    ip access-group 69 in
!
interface FastEthernet6/22
    switchport access vlan 105
    ip access-group 70 in
!
interface FastEthernet6/23
    switchport access vlan 105
    ip access-group 71 in
!
interface FastEthernet6/24
    switchport access vlan 105
    ip access-group 72 in
!
interface FastEthernet6/25
    switchport access vlan 105
    ip access-group 73 in
!
interface FastEthernet6/26
    switchport access vlan 105
    ip access-group 74 in
```

```
!
interface FastEthernet6/27
 switchport access vlan 105
 ip access-group 75 in
!
interface FastEthernet6/28
 switchport access vlan 105
 ip access-group 76 in
!
interface FastEthernet6/29
 switchport access vlan 105
 ip access-group 77 in
!
interface FastEthernet6/30
 switchport access vlan 105
 ip access-group 78 in
!
interface FastEthernet6/31
 switchport access vlan 105
 ip access-group 79 in
!
interface FastEthernet6/32
 switchport access vlan 105
 ip access-group 80 in
!
interface FastEthernet6/33
 switchport access vlan 105
ip access-group 81 in
!
interface FastEthernet6/34
 switchport access vlan 105
 ip access-group 82 in
!
interface FastEthernet6/35
 switchport access vlan 105
 ip access-group 83 in
!
interface FastEthernet6/36
```

```
    switchport access vlan 105
    ip access-group 84 in
!
interface FastEthernet6/37
    switchport access vlan 105
    ip access-group 85 in
!
interface FastEthernet6/38
    switchport access vlan 105
    ip access-group 86 in
!
interface FastEthernet6/39
    switchport access vlan 105
    ip access-group 87 in
!
interface FastEthernet6/40
    switchport access vlan 105
    ip access-group 88 in
!
interface FastEthernet6/41
    switchport access vlan 105
    ip access-group 89 in
!
interface FastEthernet6/42
    switchport access vlan 105
    ip access-group 90 in
!
interface FastEthernet6/43
    switchport access vlan 105
    ip access-group 91 in
!
interface FastEthernet6/44
    switchport access vlan 105
    ip access-group 92 in
!
interface FastEthernet6/45
    switchport access vlan 105
    ip access-group 93 in
```

```
!
interface FastEthernet6/46
  switchport access vlan 105
  ip access-group 94 in
!
interface FastEthernet6/47
  switchport access vlan 153
  switchport mode access
!
interface FastEthernet6/48
  switchport access vlan 153
  switchport mode access
!
interface Vlan1
  no ip address
!
interface Vlan105
  ip address 192.168.5.1 255.255.255.0
  ip access-group 151 in
!
interface Vlan106
  ip address 192.168.6.1 255.255.255.0
  ip access-group 151 in
  no ip redirects
!
interface Vlan107
  ip address 192.168.7.1 255.255.255.0
  ip access-group 151 in
  no ip redirects
!
interface Vlan108
  ip address 192.168.8.1 255.255.255.0
  ip access-group 151 in
  no ip redirects
!
interface Vlan109
  ip address 192.168.9.1 255.255.255.0
  ip access-group 151 in
```

```
  no ip redirects
!
interface Vlan110
  ip address 192.168.10.1 255.255.255.0
  ip access-group 151 in
  no ip redirects
!
interface Vlan111
  ip address 192.168.11.1 255.255.255.0
  ip access-group 151 in
  no ip redirects
!
interface Vlan112
  ip address 192.168.12.1 255.255.255.0
  ip access-group 151 in
  no ip redirects
!
interface Vlan113
  ip address 192.168.13.1 255.255.255.0
  ip access-group 151 in
  no ip redirects
!
interface Vlan150
  ip address 192.168.50.1 255.255.255.0
!
interface Vlan151
  ip address 192.168.51.1 255.255.255.0
!
interface Vlan152
  ip address 192.168.52.1 255.255.255.0
!
interface Vlan153
  ip address 192.168.53.1 255.255.255.0
!
interface Vlan154
  ip address 192.168.54.1 255.255.255.0
!
interface Vlan999
```

```
  ip address 192.168.2.1 255.255.255.0
!
ip classless
ip route 0.0.0.0 0.0.0.0 192.168.2.2
no ip http server
!
!
!
logging history size 500
logging trap alerts
access-list 1 permit 192.168.5.59
access-list 2 permit 192.168.5.60
access-list 3 permit 192.168.5.61
access-list 4 permit 192.168.5.62
access-list 5 permit 192.168.5.63
access-list 6 permit 192.168.5.64
access-list 7 permit 192.168.5.65
access-list 8 permit 192.168.5.66
access-list 9 permit 192.168.5.67
access-list 10 permit 192.168.5.68
access-list 11 permit 192.168.5.69
access-list 12 permit 192.168.5.70
access-list 13 permit 192.168.5.71
access-list 14 permit 192.168.5.72
access-list 14 permit 192.168.5.173
access-list 15 permit 192.168.5.73
access-list 16 permit 192.168.5.74
access-list 17 permit 192.168.5.75
access-list 18 permit 192.168.5.76
access-list 19 permit 192.168.5.77
access-list 20 permit 192.168.5.78
access-list 21 permit 192.168.5.79
access-list 22 permit 192.168.5.80
access-list 23 permit 192.168.5.81
access-list 24 permit 192.168.5.82
access-list 24 permit 192.168.5.170
access-list 24 permit 192.168.5.176
access-list 24 permit 192.168.5.178
```

access-list 24 permit 192.168.5.157
access-list 25 permit 192.168.5.83
access-list 26 permit 192.168.5.84
access-list 26 permit 192.168.5.175
access-list 26 permit 192.168.5.174
access-list 27 permit 192.168.5.85
access-list 28 permit 192.168.5.86
access-list 29 permit 192.168.5.87
access-list 29 permit 192.168.5.172
access-list 29 permit 192.168.5.171
access-list 29 permit 192.168.5.179
access-list 30 permit 192.168.5.88
access-list 31 permit 192.168.5.89
access-list 32 permit 192.168.5.90
access-list 33 permit 192.168.5.91
access-list 34 permit 192.168.5.92
access-list 35 permit 192.168.5.93
access-list 36 permit 192.168.5.94
access-list 37 permit 192.168.5.95
access-list 37 permit 192.168.5.161
access-list 37 permit 192.168.5.160
access-list 37 permit 192.168.5.158
access-list 38 permit 192.168.5.96
access-list 39 permit 192.168.5.97
access-list 40 permit 192.168.5.98
access-list 40 permit 192.168.5.155
access-list 41 permit 192.168.5.99
access-list 42 permit 192.168.5.100
access-list 43 permit 192.168.5.101
access-list 44 permit 192.168.5.102
access-list 45 permit 192.168.5.103
access-list 46 permit 192.168.5.104
access-list 47 permit 192.168.5.105
access-list 48 permit 192.168.5.106
access-list 49 permit 192.168.5.107
access-list 50 permit 192.168.5.108
access-list 51 permit 192.168.5.109
access-list 51 permit 192.168.5.154

access-list 52 permit 192.168.5.110
access-list 53 permit 192.168.5.111
access-list 54 permit 192.168.5.112
access-list 55 permit 192.168.5.113
access-list 56 permit 192.168.5.114
access-list 57 permit 192.168.5.115
access-list 58 permit 192.168.5.116
access-list 59 permit 192.168.5.117
access-list 60 permit 192.168.5.118
access-list 61 permit 192.168.5.119
access-list 62 permit 192.168.5.120
access-list 63 permit 192.168.5.121
access-list 64 permit 192.168.5.122
access-list 65 permit 192.168.5.123
access-list 65 permit 192.168.5.162
access-list 66 permit 192.168.5.124
access-list 66 permit 192.168.5.156
access-list 67 permit 192.168.5.125
access-list 68 permit 192.168.5.126
access-list 69 permit 192.168.5.127
access-list 69 permit 192.168.5.172
access-list 70 permit 192.168.5.128
access-list 71 permit 192.168.5.165
access-list 71 permit 192.168.5.164
access-list 71 permit 192.168.5.129
access-list 72 permit 192.168.5.177
access-list 72 permit 192.168.5.130
access-list 73 permit 192.168.5.131
access-list 74 permit 192.168.5.132
access-list 75 permit 192.168.5.133
access-list 76 permit 192.168.5.134
access-list 77 permit 192.168.5.135
access-list 78 permit 192.168.5.136
access-list 79 permit 192.168.5.137
access-list 80 permit 192.168.5.138
access-list 81 permit 192.168.5.139
access-list 82 permit 192.168.5.140
access-list 83 permit 192.168.5.141
access-list 84 permit 192.168.5.142

```
access-list 85 permit 192.168.5.143
access-list 86 permit 192.168.5.144
access-list 87 permit 192.168.5.145
access-list 88 permit 192.168.5.146
access-list 89 permit 192.168.5.147
access-list 90 permit 192.168.5.148
access-list 91 permit 192.168.5.149
access-list 92 permit 192.168.5.150
access-list 93 permit 192.168.5.151
access-list 94 permit 192.168.5.152
access-list 151 permit icmp any any
access-list 151 deny udp any any eq 1434
access-list 151 deny tcp any any eq 135
access-list 151 deny tcp any any eq 707
access-list 151 deny tcp any any eq 136
access-list 151 deny tcp any any eq 137
access-list 151 deny tcp any any eq 138
access-list 151 deny tcp any any eq 139
access-list 151 deny tcp any any eq 445
access-list 151 deny udp any any eq 445
access-list 151 deny tcp any any eq 593
access-list 151 deny tcp any any eq 4444
access-list 151 permit ip any any
no cdp run
!
!
line con 0
  stopbits 1
line vty 0 1
  password ******
  login
line vty 2 4
  password ******
  login
!
!
monitor session 1 source interface Gi3/24
monitor session 1 destination interface Gi3/13
end
```

附录 4 典型楼层交换机配置表

```
zzhome-2-2#sh run
Building configuration...

Current configuration : 5669 bytes
!
version 12.1
no service pad
service timestamps debug uptime
service timestamps log uptime
no service password-encryption
!
hostname zzhome-2-2
!
enable secret 5 $1$IRph$8.hv3Dn2cGl4RrjoSSgex.
!
ip subnet-zero
!
spanning-tree mode pvst
no spanning-tree optimize bpdu transmission
spanning-tree extend system-id
!
!
interface FastEthernet0/1
 no ip address
 ip access-group 1 in
!
interface FastEthernet0/2
 no ip address
 ip access-group 2 in
 shutdown
!
interface FastEthernet0/3
 no ip address
 ip access-group 3 in
!
interface FastEthernet0/4
```

```
   no ip address
   ip access-group 4 in
   !
interface FastEthernet0/5
   no ip address
   ip access-group 5 in
   !
interface FastEthernet0/6
   no ip address
   ip access-group 6 in
   !
interface FastEthernet0/7
   no ip address
   ip access-group 7 in
   !
interface FastEthernet0/8
   no ip address
   ip access-group 8 in
   !
interface FastEthernet0/9
   no ip address
   ip access-group 9 in
   shutdown
   !
interface FastEthernet0/10
   no ip address
   ip access-group 10 in
   !
interface FastEthernet0/11
   no ip address
   ip access-group 11 in
   !
interface FastEthernet0/12
   no ip address
   ip access-group 12 in
   !
interface FastEthernet0/13
   no ip address
```

```
  ip access-group 13 in
!
interface FastEthernet0/14
 no ip address
 ip access-group 14 in
!
interface FastEthernet0/15
 no ip address
 ip access-group 15 in
!
interface FastEthernet0/16
 no ip address
 ip access-group 16 in
!
interface FastEthernet0/17
 no ip address
 ip access-group 17 in
!
interface FastEthernet0/18
 no ip address
 ip access-group 18 in
!
interface FastEthernet0/19
 no ip address
 ip access-group 19 in
!
interface FastEthernet0/20
 no ip address
 ip access-group 20 in
!
interface FastEthernet0/21
 no ip address
 ip access-group 21 in
 shutdown
!
interface FastEthernet0/22
 no ip address
 ip access-group 22 in
```

```
!
interface FastEthernet0/23
  no ip address
  ip access-group 23 in
!
interface FastEthernet0/24
  no ip address
  ip access-group 24 in
!
interface FastEthernet0/25
  no ip address
  ip access-group 25 in
!
interface FastEthernet0/26
  no ip address
  ip access-group 26 in
!
interface FastEthernet0/27
  no ip address
  ip access-group 27 in
!
interface FastEthernet0/28
  no ip address
  ip access-group 28 in
!
interface FastEthernet0/29
  no ip address
  ip access-group 29 in
!
interface FastEthernet0/30
  no ip address
  ip access-group 30 in
!
interface FastEthernet0/31
  no ip address
  ip access-group 31 in
!
interface FastEthernet0/32
```

```
  no ip address
  ip access-group 32 in
!
interface FastEthernet0/33
  no ip address
  ip access-group 33 in
!
interface FastEthernet0/34
  no ip address
  ip access-group 34 in
!
interface FastEthernet0/35
  no ip address
  ip access-group 35 in
  shutdown
!
interface FastEthernet0/36
  no ip address
  ip access-group 36 in
!
interface FastEthernet0/37
  no ip address
  ip access-group 37 in
!
interface FastEthernet0/38
  no ip address
!
interface FastEthernet0/39
  no ip address
  ip access-group 39 in
!
interface FastEthernet0/40
  no ip address
  ip access-group 40 in
!
interface FastEthernet0/41
  no ip address
  ip access-group 41 in
```

```
!
interface FastEthernet0/42
 no ip address
 ip access-group 42 in
!
interface FastEthernet0/43
 no ip address
 ip access-group 43 in
!
interface FastEthernet0/44
 no ip address
 ip access-group 44 in
!
interface FastEthernet0/45
 no ip address
 ip access-group 45 in
!
interface FastEthernet0/46
 no ip address
 ip access-group 46 in
!
interface FastEthernet0/47
 no ip address
 ip access-group 47 in
!
interface FastEthernet0/48
 no ip address
 ip access-group 48 in
 shutdown
!
interface GigabitEthernet0/1
 description To 3550-12G
 no ip address
!
interface GigabitEthernet0/2
 no ip address
!
interface Vlan1
```

```
   ip address 192.168.15.251 255.255.255.0
   no ip route-cache
!
ip default-gateway 192.168.15.1
ip http server
!
access-list 1 permit 192.168.15.98
access-list 2 permit 192.168.15.99
access-list 3 permit 192.168.15.100
access-list 4 permit 192.168.15.101
access-list 5 permit 192.168.15.102
access-list 6 permit 192.168.15.103
access-list 7 permit 192.168.15.104
access-list 8 permit 192.168.15.105
access-list 9 permit 192.168.15.106
access-list 10 permit 192.168.15.107
access-list 11 permit 192.168.15.108
access-list 12 permit 192.168.15.109
access-list 13 permit 192.168.15.110
access-list 14 permit 192.168.15.111
access-list 15 permit 192.168.15.112
access-list 16 permit 192.168.15.113
access-list 17 permit 192.168.15.114
access-list 18 permit 192.168.15.115
access-list 19 permit 192.168.15.116
access-list 20 permit 192.168.15.117
access-list 21 permit 192.168.15.118
access-list 22 permit 192.168.15.119
access-list 23 permit 192.168.15.120
access-list 24 permit 192.168.15.121
access-list 25 permit 192.168.15.122
access-list 25 permit 192.168.15.195
access-list 26 permit 192.168.15.123
access-list 27 permit 192.168.15.124
access-list 28 permit 192.168.15.125
access-list 29 permit 192.168.15.126
access-list 29 permit 192.168.15.197
access-list 30 permit 192.168.15.127
```

```
access-list 32 permit 192.168.15.129
access-list 33 permit 192.168.15.130
access-list 34 permit 192.168.15.131
access-list 35 permit 192.168.15.132
access-list 36 permit 192.168.15.133
access-list 37 permit 192.168.15.134
access-list 38 permit 192.168.15.135
access-list 39 permit 192.168.15.136
access-list 40 permit 192.168.15.137
access-list 41 permit 192.168.15.138
access-list 42 permit 192.168.15.139
access-list 43 permit 192.168.15.140
access-list 44 permit 192.168.15.141
access-list 45 permit 192.168.15.142
access-list 46 permit 192.168.15.143
access-list 47 permit 192.168.15.144
access-list 48 permit 192.168.15.145
!
line con 0
line vty 0 4
 password *****
 login
line vty 5 15
 login
!
end
```